Die günstigste Form eiserner Zweigelenkbrückenbogen

Von

Dr.-Ing. Alfred W. Berrer

Mit 7 Abbildungen und 7 Tafeln

München und Berlin 1916
Druck und Verlag von R. Oldenbourg

Vorwort.

Die Werke des Großbrückenbaus betrachten ihre Erfahrungen über günstige Brückenformen, die sie zu einem bei Wettbewerben aussichtsreichen Entwurf führen, als strenges Geschäftsgeheimnis. Die Kosten eines Entwurfs spielen meist eine ausschlaggebende Rolle, sie sind in hohem Maße von den Baukosten und damit vom Baustoffgewicht abhängig.

In der vorliegenden Untersuchung ist die Formgebung eiserner Zweigelenkbogen und Zweigelenkbogen mit Zugband mit Rücksicht auf möglichste Baustofferparnis in ziemlich erschöpfender Weise behandelt. Der Wert der Ergebnisse und die Richtigkeit der Überlegungen erhellt aus der guten Übereinstimmung mit anerkannten Ausführungen in den keineswegs besonders ausgesuchten Beispielen der letzten Abschnitte.

Für den Praktiker sind zunächst die fett gedruckten Ergebnisse in den Abschnitten B IV, C und D von Wert; für den, der sich näher mit den Fragen der wirtschaftlichen Formgebung beschäftigt, gewinnen die Überlegungen der Einleitung, der allgemeinen Gesichtspunkte unter B I und B II und die zu den vorgenannten Ergebnissen führenden Betrachtungen in B IV und C an Bedeutung.

Im Felde, Juni 1916.

Dipl.-Ing. Alfred Berrer.

Inhaltsverzeichnis.

Bezeichnungen.

		Seite
l	Spannweite des Bogens	6, 7.
f	Bogenpfeil	5, 9.
φ	Neigungswinkel der Bogenachse im Querschnitt x . .	6.
h_m	Scheitelgurthöhe	7, 18, (Abb. 7).
$\triangle h$	Unterschied der Gurthöhe in Kämpfer und Scheitel .	7, (Abb. 7).
$\chi = \dfrac{f}{l}$	Pfeilverhältnis der Bogenachse	11, 18, 24.
$\psi = \dfrac{h_m}{f}$	Verhältnis der Scheitelgurthöhe zum Pfeil	11, 18, 24.
$\psi_n = \dfrac{h_n}{f}$	Verhältnis einer mittleren Gurthöhe zum Pfeil . . .	25.
$x = \dfrac{\triangle h}{h_m}$	Verhältnis des Gurthöhenunterschieds $\triangle h$ zur Scheitelgurthöhe	8, 11, 24.
g	gleichm. verteilte ständige Last auf den lfd. m . . .	11, 17, 43.
p	gleichm. verteilte Verkehrslast auf den lfd. m . . .	9, 17, 43.
$\pi = \dfrac{p}{g}$	Verhältnis der Verkehrslast zur ständigen Last . .	11, 18, 24.
F, F_x	Querschnitte	5, 8.
J, J_x	Trägheitsmomente	8, 16.
H	Horizontalschub (H_o maßgebend für Querschnitts-bemessung des Obergurts, H_u des Untergurts) . .	9, 11, 14.
S, S_x	Gurtkräfte	5, 17.
N_x	Achsialkraft in Querschnitt x des Bogens	6, 17.
M_x	Moment » » » » »	6, 16.
M_x'	Moment im einfachen Balken unter derselben Belastung wie M_x	9, 11.
G	Gurtgewicht	6.
$\mathfrak{S}_x, \mathfrak{G}, \mathfrak{G}_u$	Anteile von S_x, G, G_u, die für die Vergleichsrechnung der Bogengewichte in Betracht kommen	7, 26.
${}^o H, {}^o M_x$	Größen H, M_x infolge ständiger Last allein	7, 17.
${}^\prime H, {}^\prime M_x, {}^\prime \mathfrak{G}$	Größen $H, M_x, \mathfrak{G}$ infolge Verkehrslast allein	7, 15, 17.
${}^t H, {}^t M_x, {}^t G, {}^t S$	Größen H, M_x, G, S infolge Wärmeänderung allein . .	16, 19, 49.
t	Wärmeunterschied	15, 25.
α	Wärmedehnungsfestwert	15, 25.
γ	spez. Gewicht des Baustoffs in t auf den cbm . . .	5, 11.
σ	Zulässige Beanspr. d. Baustoffs in t auf das qm . . .	5, 11, 15, 38.

Weitere Bezeichnungen, die nur vorübergehend Verwendung finden, sind in den einzelnen Abschnitten erklärt.

A. Einleitung.

Die Form eines Brückenbogens ist bestimmt durch die Form der Bogenachse und den Gurtlinienverlauf; bei Gelenkbogen ist ferner die Lage der Gelenke von Einfluß.

Die vorliegende Arbeit behandelt eiserne Zweigelenkbogen; es soll in ihr vorausgesetzt werden, daß die Gurthöhe von der Bogenachse halbiert wird, daß also auch die Gelenke — auf den Kämpfersenkrechten gemessen — in der Mitte zwischen den Gurten liegen.

Für die Form der Bogenachse ist bei roher Betrachtung zunächst das Pfeilverhältnis maßgebend. Es ist beim reinen Zweigelenkbogen ohne Zugband im allgemeinen nicht frei wählbar, da die Hauptträger meist gänzlich unterhalb der Fahrbahn angeordnet werden. Damit ist die verfügbare Höhe einerseits durch die meist wenig veränderliche Höhenlage der Fahrbahn, anderseits durch die hochwasserfreie oder anderswie vorgeschriebene Lage der Gelenke bestimmt.

Das Krümmungsgesetz der Bogenachse hat innerhalb der vorkommenden Grenzen keinen bedeutenden Einfluß auf die Wirtschaftlichkeit des Bogens, weshalb hier die Parabelform zugrundegelegt wird, da sie die rechnerisch am einfachsten zu behandelnde ist.

Der Gurtlinienverlauf kann festgelegt werden durch die Gurthöhe im Scheitel und das Gesetz der Änderung der Gurthöhe zwischen Scheitel und Kämpfer. Über beides kann frei verfügt werden, und zwar mit Rücksicht auf das schönheitliche Aussehen der Brücke oder auf größtmögliche Wirtschaftlichkeit im Baustoffverbrauch.

Die ästhetischen Gesichtspunkte sind schon vielfach behandelt worden, sie werden auch in der vorliegenden Untersuchung berücksichtigt. Über die Ermittlung der wirtschaftlichsten Bogenform sind jedoch, außer gelegentlichen Bemerkungen bei Besprechung von Wettbewerben, nur drei Arbeiten erschienen. Die Dissertation von Strieboll [V][1] behandelt den Baustoffverbrauch beim Zweigelenkbogen mit Zugband in drei Sonderfällen (vgl. S. 49). Ein Aufsatz von Engesser [III] und die Dissertation von Trauer [IV] befassen sich mit der Ermittlung des günstigsten Gurtabstandes gegliederter Zweigelenkbogenträger mit parallelen oder nahezu parallelen Gurtungen. Für stark hiervon abweichende Formen geben sie jedoch keinen Aufschluß über die wirtschaftliche Wahl des Gurtabstandes, ebensowenig darüber, ob ein Abweichen nach der Sichelform oder einer Form mit auseinanderlaufenden Gurten[2] günstiger ist.

---

[1] Die Zahlen [ ] beziehen sich auf das Literaturverzeichnis.

[2] Bogen mit auseinanderlaufenden Gurten sollen kurz solche genannt werden, deren Gurthöhe vom Scheitel nach den Kämpfern zu wächst.

Der Zweck der vorliegenden Schrift ist es nun, über diese beiden Fragen, besonders über die letztere, Klarheit zu verschaffen.

Im Laufe der Berechnungen, die zu diesem Ziele führen, sind verschiedene Vereinfachungen und Vernachlässigungen gemacht worden, die den Rechnungsgang erheblich erleichtern. Die Schärfe der Ergebnisse leidet zwar darunter ein wenig, doch ist dies hier ohne Belang. Gesucht wird nämlich ein Minimum an Baustoffverbrauch,' und ganz allgemein gilt ja, daß nach einem stetigen Gesetz veränderliche Werte in der Nähe eines Maximums oder Minimums ziemlich lange annähernd gleich groß bleiben. Ist jedoch die Bogenform nach anderen Gesichtspunkten gewählt, so genügt es ebenfalls, nur ungefähr die Größe der Opfer für diese Wahl angeben zu können.

Formeln für das tatsächliche Gewicht von Bogenträgern sollen hier nicht gegeben werden; daher können alle für den Vergleich der Gewichte nicht in Betracht kommenden Einflüsse unberücksichtigt bleiben (vgl. S. 4). Es wäre auch unnütz, solche Formeln aufstellen zu wollen, denn die Gewichtsunterschiede verschiedener Bogenformen sind verhältnismäßig gering gegenüber der durch Ausführungsbeiwerte verursachten Ungenauigkeit aller derartiger Gewichtsformeln.

Für überschlägliche Gewichtsberechnung oder zur Ermittlung des Eigengewichtes als Grundlage der statischen Berechnung können die Bogengewichte aus zahlreichen vorhandenen Formeln errechnet werden; sie können sogar mit denen der entsprechenden Balkenträger verwechselt werden, z. B. Dircksen [X] S. 38, 39. Für Bogenträger finden sich Gewichtsformeln in Engesser [VI] und [VII], Krohn [VIII] S. 101, Landsberg [IX] S. 309, ferner in der erwähnten Arbeit von Trauer [IV].

B. Gegliederte Zweigelenkbogen.

I. Formgebung nach ästhetischen Gesichtspunkten.

Die Frage, ob der Sichelbogen, der Bogen mit parallelen oder der mit auseinanderlaufenden Gurten der schönste ist, läßt sich natürlich nicht allgemein beantworten. Man kann sie nur mit Rücksicht auf die Größenverhältnisse und auf die Umgebung der Brücke entscheiden. Die Ansichten über die Beurteilung der einzelnen Formen sind geteilt. Neben Landsberg [IX S. 333] gibt ein ausgezeichnetes Werk aus neuerer Zeit von Jordan-Michel [XI S. 52] darüber Aufschluß. Es wird dort allgemein festgestellt, daß der Sichelträger einen mehr leichten und kühnen, der Träger mit großem Abstand der Gurtungen am Kämpfer eher einen wuchtigen, dafür jedoch standsicheren und besonders energischen Eindruck macht. Entgegen der Ansicht vieler Ingenieure, die den Sichelbogen wegen seines gefälligen und leichten Aussehens für die schönste Form halten, gibt der Verfasser den Bogen mit divergierenden Gurten den Vorzug, und zwar namentlich bei großen Stützweiten. Für Bogenbrücken mit vollständig unterhalb der Fahrbahn liegenden Hauptträgern begründet er diese Ansicht wie folgt: »Die durch das ganze Bauwerk im Längenschnitt eingenommene Fläche wird begrenzt durch zwei Linien, nämlich die innere Bogengurtung und die Fahrbahn. Diese Fläche ist nun in der Nähe der Kämpfer bedeutend höher (breiter) als in der Nähe des Scheitels. Ist also die Aufgabe gestellt, die äußere (obere) Bogengurtung anzuordnen, dann wird man ihr tunlichst in der Nähe der Kämpfer einen größeren, in der Nähe des Scheitels aber kleineren Abstand von der (als festliegend betrachteten) inneren Bogengurtung geben, entsprechend der zur Verfügung stehenden breiteren Fläche.«

Als weiterer Vorzug dieser Form wird auch die Ähnlichkeit mit dem altgewohnten Steinbogen erwähnt. Diese letztere Eigenschaft kann jedoch nach meiner Ansicht nicht immer als Vorzug hingestellt werden. Bei Betrachtung einer schönen Sichelbrücke, z. B. des Garabit-Viadukts in Südfrankreich oder der Grünentaler Brücke über den Nord-Ostsee-Kanal, erfreut sich auch das Auge des Nichtfachmanns an den schönen Linien des Bauwerks, und es liegt darin gewiß ein erzieherischer Wert, wenn dem Publikum Gelegenheit geboten wird, solche reine Ingenieurbauten, die nichts mit dem Althergebrachten gemein haben, als schön zu empfinden.

Es wird also wohl oft der Fall eintreten, daß das Für und Wider bei Betrachtung der ästhetischen Gesichtspunkte sich aufhebt und eine selbst geringe Baukostenersparnis den Ausschlag für die Wahl der Bogenform geben kann.

II. Allgemeine Betrachtungen über die günstigste Bogenform.

Wie im folgenden Abschnitt gezeigt werden wird, ist der Unterschied des Eigengewichts bei verschiedenen Bogenformen fast ausschließlich durch die Wirkung der Verkehrslasten und der Wärmekräfte auf die Bogengurtungen bedingt.

Wärmeänderungen erzeugen einen um so größeren Horizontalschub und damit um so größere Gurtkräfte, je größer das Trägheitsmoment des Bogens ist. Maßgebend sind dabei die Trägerquerschnitte im mittleren Bogenteil. Zwar wächst mit dem Trägheitsmoment auch die Fähigkeit, den durch den Horizontalschub erzeugten Biegungsmomenten zu widerstehen, doch überwiegt im allgemeinen der erstere Einfluß. Dies kann man schon daraus ersehen, daß bei einer Verringerung der Scheitelhöhe bis zum Wert Null die Wärmespannungen ganz verschwinden. Der Horizontalschub aus Verkehrslast ist nur in sehr geringem Maße vom Gurtlinienverlauf abhängig. Die hierdurch erzeugten Biegungsmomente haben ihr Maximum etwa in den Bogenvierteln. Geht man daher den von Schwedler bei Ausbildung des nach ihm benannten Balkenträgers gegangenen Weg und wählt die Gurthöhen derart, daß die Widerstandsmomente überall proportional den maximalen Biegungsmomenten sind, so wird man unter Berücksichtigung aller Einflüsse auf eine Bogenform kommen, bei der die Gurthöhe von 0 bei den Kämpfern ziemlich rasch wächst, etwa in den Bogenvierteln ihr Maximum erreicht und von dort nach dem Scheitel wieder um ein wenig abnimmt.

Zu dieser Form gelangten bereits 1880 die Verfasser des Entwurfs »Lätitia« bei dem Wettbewerb für eine feste Straßenbrücke über den Rhein bei Mainz [X], indem sie von der Form des Dreigelenkbogens ausgingen. Sie erreichten auch eine ästhetisch befriedigende Lösung, welche nicht allzusehr von der als günstigste erkannten Form abwich. Alle anderen Versuche, dieser Form nahezukommen, haben zu keinem befriedigenden Ergebnis geführt.

Ein ausgesprochen häßliches System zeigt z. B. der Blauuw-Krantz-Viadukt in Kapland [IX S. 318], während die in neuerer Zeit in der Schweiz ausgeführten ähnlichen Zweigelenkbogenbrücken [XIV] zwar besser aussehen, aber auch nur in den abgeschiedenen Bergtälern der Alpen mit ihren wilden Formen denkbar sind.

Ein Bogen mit den üblichen, parabelförmigen oder ähnlich gekrümmten Gurten bietet dagegen meist ein befriedigendes Bild. Wenn seine Gurthöhe vom

Scheitel nach den Kämpfern zu wächst, deckt sich seine Gurtlinienform im mittleren Teil mit der oben als günstigst erkannten. Die Ausbildung der Bogenenden ist aber für den theoretischen Baustoffverbrauch von untergeordneter Bedeutung, denn einerseits werden dort die vom Träger aufzunehmenden Momente klein, anderseits haben die Trägheitsmomente der Querschnitte in der Nähe der Gelenke auf das Gurtgewicht des übrigen Bogens einen sehr geringen Einfluß.

Diese Betrachtung läßt jetzt schon annehmen, daß ein Träger mit auseinanderlaufenden Gurten der günstigste ist.

III. Aufstellung der Gewichtsformeln.

1. Grundlagen.

Das Gewicht der Längeneinheit der Fahrbahn, Fahrbahnstützen und Verbände kann für die verschiedenen Gurtlinienformen, bei sonst gleichen Verhältnissen, als unveränderlich angesehen werden. Seine Ermittlung ist daher nicht erforderlich. Das Widerlagergewicht (einschließlich Gelenkkonstruktion und Zusammenführung der Gurte) wird zwar durch den Horizontalschub beeinflußt, der von der Bogenform durch seinen aus Wärmekräften herrührenden Anteil abhängig ist, es ist aber in soviel höherem Maße von den Eigenschaften des Widerlagermauerwerks, der konstruktiven Ausbildung und dem Baustoff bedingt, daß eine Einbeziehung in die Rechnung nicht möglich und nicht erforderlich ist. Es bleibt also nur das theoretische Gewicht des Hauptträgers zu untersuchen. Die zulässige Beanspruchung wird für alle Glieder desselben als unveränderlich angenommen. Diese Annahme stimmt mit den im größten Teile des Deutschen Reiches gültigen Vorschriften der preußischen Staatsbahnen überein, ist aber praktisch — wenigstens für die Bogengurte, die nur Druckspannungen erleiden — auch bei denjenigen Bestimmungen fast genau gültig, welche die Arbeitsfestigkeit der Querschnittsbemessung zugrunde legen.

Die Knicksicherheit der Gurte braucht nicht berücksichtigt zu werden, da bei der kleinen Felderteilung der Bogenbrücken die in den genannten Vorschriften geforderte fünffache Knicksicherheit nach Euler stets erreicht werden kann. Etwaige Knickzuschläge bei anderen Rechnungsweisen werden bei sonst gleichen Umständen mit den Druckkräften wachsen oder sich verringern. Sie verschärfen also die Gewichtsunterschiede in den Ergebnissen der vorliegenden Untersuchung um einen geringen Prozentsatz, ohne die Ermittlung der wirtschaftlichsten Form wesentlich zu beeinflussen.

Das Eigengewicht wird als gleichmäßig auf die Länge der Brücke verteilt angenommen; die Verkehrslast, falls sie nicht ohnehin gleichmäßig verteilt ist, durch ein Lastäquivalent ersetzt. Die Lasten sollen unmittelbar auf den Bogen wirken; dementsprechend werden auch die Felder unendlich klein gedacht, so daß alle Querschnittsgrößen stetige Funktionen des Horizontalabstandes x des betreffenden Querschnitts von der Kämpfersenkrechten werden. Das theoretische Gewicht der Füllungsglieder braucht nicht ermittelt zu werden, da sein Einfluß auf das Ergebnis sehr gering ist. Nimmt man nämlich alle Füllungsstäbe unter 45° gegen die Achse geneigt an, so ist bei gleicher Querkraft ihr theoretisches Gewicht auf die Längeneinheit der Achse für beliebigen Gurtabstand gleich groß. Es ist allerdings von der Länge der Füllungsstäbe schon mit Rücksicht auf ihre Knicksicherheit abhängig. Später werden daher die Gewichte solcher Bogen miteinander verglichen, bei denen die Summe aller Füllungsstablängen theoretisch gleich groß, d. h. bei denen die von den Gurtschwerlinien eingeschlossene Fläche die gleiche ist. Der Einfluß des Fehlers bei verschiedenen mittleren Gurthöhen wird auf S. 37 besprochen.

Das Gewicht der Gurtungen ist bedingt durch die auftretenden Kräfte aus Eigengewicht, Verkehrslast, Wärmeänderungen, Winddruck und Verschieblichkeit der Widerlager.

Die durch die letztgenannte Ursache hervorgerufenen Kräfte können in einer allgemeinen Untersuchung natürlich nicht berücksichtigt werden, da sie vollständig von der Beschaffenheit des Baugrundes abhängig sind, also in jedem einzelnen Fall besonders behandelt werden müssen. Welchen Einfluß sie haben und wie sie in die Rechnung einbezogen werden können, wird später (S. 45) gezeigt werden.

Bei Berücksichtigung der Zusatzkräfte in den Hauptträgern, welche durch den Winddruck hervorgerufen werden, sind nach den meisten Vorschriften um soviel höhere Beanspruchungen zulässig, daß die Querschnitte nur in vereinzelten Fällen mit Rücksicht auf sie zu bemessen sind. Da außerdem die Windkräfte durch die Bogenform nicht in besonderem Maße beeinflußt werden, kann von ihrer Einbeziehung abgesehen werden.

Die für die Querschnittsbemessung maßgebende Gurtkraft ist stets Druck, was folgendermaßen begründet werden kann. Die Stützlinie aus gleichmäßig über den ganzen Träger verteilter Last ist eine Parabel, welche nicht mit der Bogenachse zusammenfällt, sondern steiler wird als diese, da der Horizontalschub infolge der Verkürzung der Bogenachse durch Normalkräfte kleiner wird. In praktischen Fällen tritt die Stützlinie nicht über den Obergurt hinaus. Es geschieht dies nach Trauer [IV S. 21] erst, wenn bei parallelgurtigen Bogen mit Gelenken in der Bogenachse der Gurtabstand h größer wird als $\frac{16}{15}$ der Pfeilhöhe f. Dieses Verhältnis wird bei mehr sichelförmigen Bogen sogar noch etwas größer (h im Scheitel gemessen), bei Bogen mit auseinanderlaufenden Gurten etwas kleiner, wobei aber zu berücksichtigen ist, daß bei diesen die Trägerhöhe im Scheitel und damit das Verhältnis $\frac{h}{f}$ ohnehin klein ist, also stets unter dem kritischen Wert bleibt. In allen vorkommenden Fällen werden also die Druckspannungen auch im Untergurt einen beträchtlichen Wert haben, da auch infolge ungünstigst wirkender Verkehrslasten die Absolutwerte max. Druck größer sind als diejenigen max. Zug. Für die Querschnittsbemessung sind also nur Druckspannungen, die das positive Vorzeichen erhalten sollen, maßgebend, weil die zulässigen Beanspruchungen für Zug und Druck dieselben Absolutwerte haben. Da es nicht möglich ist, geschlossene, für alle Bogenformen gültige Formeln für den Horizontalschub zu erhalten, werden die Bogen mit parallelen oder auseinanderlaufenden Gurten und die Sichelbogen zunächst getrennt behandelt.

2. Bogen mit parallelen und nach den Enden zu divergierenden Gurten.

Vertikale Aktivkräfte.

Es soll bezeichnet werden mit

F_x die Querschnittsfläche eines Gurts im Abstand x von der linken Auflagersenkrechten in qm,

S die größte Gurtkraft in diesem Punkte in t,

γ das spezifische Gewicht des Baustoffes in t für den cbm,

σ seine zulässige Beanspruchung in t auf das qm.

Damit erhält man als Gewicht eines Gurtelements von der Länge ds' (vgl. Abb. 1)

$$dG = \gamma F_x \, ds'$$

und das Gewicht eines Gurts

$$G = 2\gamma \int_0^{0,5\,l} F_x \, ds' = \frac{2\gamma}{\sigma} \int_0^{0,5\,l} S_x \, ds' \qquad \ldots \ldots \ldots \quad (1)$$

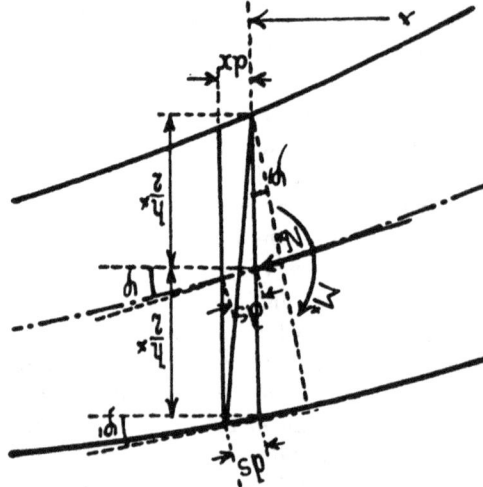

Abb. 1.

Statt ds' darf man auch $ds = \dfrac{dx}{\cos\varphi}$ setzen, da der Unterschied nicht sehr groß ist, und der bei einem Gurt gemachte Fehler durch einen fast genau ebenso großen, jedoch mit dem entgegengesetzten Vorzeichen behafteten Fehler beim andern Gurt aufgehoben wird.

Faßt man die auf den Schnitt x wirkenden Kräfte in eine Axialkraft N_x in der Bogenachse und ein Moment M_x zusammen, so erhält man, da Scheerkräfte, wie meist bei Bogenträgern, vernachlässigt werden:

$$S_x = \frac{N_x}{2} \frac{1}{\cos(\varphi - \varphi')} \pm \frac{M_x}{h_x \cdot \cos\varphi'},$$

wobei das obere Vorzeichen für den Obergurt, das untere für den Untergurt gilt. Weil $\varphi - \varphi'$ ein kleiner Winkel ist, darf $\cos(\varphi - \varphi') = 1$ gesetzt werden. $\cos\varphi'$ wird durch $\cos\varphi$ ersetzt, wobei der Fehler $(\varphi - \varphi')\sin\dfrac{\varphi + \varphi'}{2}$ ist und sich bei Betrachtung beider Gurte wieder fast vollständig aufhebt.

Man hat also

$$S_x = \frac{N_x}{2} \pm \frac{M_x}{h_x \cdot \cos\varphi}$$

und

$$G = \frac{2\gamma}{\sigma} \int_0^{0,5\,l} \left(\frac{N_x}{2} \pm \frac{M_x}{h_x \cdot \cos\varphi} \right) \frac{dx}{\cos\varphi} \qquad \ldots \ldots \ldots \quad (1\,a)$$

Die Ausrechnung der Axialkräfte N_x darf unterbleiben, da es auf die tatsächlichen Werte der Gewichte nicht ankommt und die Glieder mit N_x vom

Gurtabstand nicht abhängig sind; denn es wird sich erweisen, daß man für verschiedene Gurtlinienformen mit denselben ungünstigsten Laststellungen auskommt (S. 10). Die Axialkräfte würden also bei der Ausrechnung der günstigsten Form nach der Theorie der Maxima und Minima ohnehin wegfallen. Vom Moment M_x kann das von den ständigen Lasten herrührende Glied ^0M_x unberücksichtigt bleiben, weil es uns nicht auf die Verteilung des Gewichts auf Ober- und Untergurt ankommt, und die Summe der durch das für einen bestimmten Träger unveränderliche ^0M_x erzeugten, einander entsprechenden Ober- und Untergurtkräfte stets gleich 0 ist.

Es bleiben also nur noch die durch die Verkehrslast hervorgerufenen Maximalmomente $'M_x$ zu berücksichtigen, und es wird

$$\mathfrak{S}_x = \pm \frac{'M_x}{h_x \cos \varphi} ,$$

$$\mathfrak{G} = \pm \frac{2\,\gamma}{\sigma} \int_0^{0,5\,l} \frac{'M_x}{h_x \cdot \cos^2 \varphi}\, dx \quad . \quad . \quad . \quad . \quad . \quad . \quad (2)$$

Die deutschen Buchstaben sollen andeuten, daß es sich nicht um die tatsächlichen Größen, sondern nur um die für uns in Betracht kommenden Teile derselben handelt.

Über das Änderungsgesetz der Gurthöhen h_x wurde bis jetzt noch nichts festgelegt. Es ist nur gesagt, daß die Gurthöhe von einem bestimmten Wert im Scheitel nach den Gelenken zu wächst oder abnimmt. Man könnte sie sich nach dem Parabelgesetz ändern lassen, doch erhält man dann bei der weiteren Ausrechnung verwickelte Ausdrücke, langwierige Integrationen und unbequeme Endergebnisse. Es wurde daher angestrebt, h_x derart als Funktion von x auszudrücken, daß im Ausdruck für $\mathfrak{G}$ die Größe x nur im Zähler erscheint, was am einfachsten erreicht wird, indem man die $\eta = \dfrac{1}{h_x}$-Kurve zu einer Parabel werden läßt.

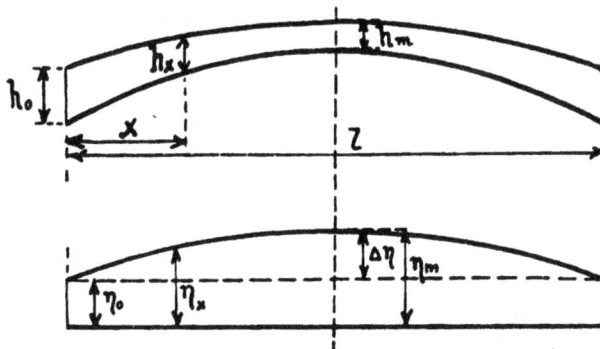

Abb. 2.

$$\frac{1}{h_x} = \eta_x = \eta_0 + \frac{4\,\Delta\eta}{l^2}\, x \cdot (l-x) \quad . \quad . \quad . \quad . \quad . \quad (3)$$

$$= a + b \cdot x + c \cdot x^2,$$

worin wenn

$$h_0 - h_m = \Delta h$$

und
$$\frac{\varDelta h}{h_m} = \varkappa,$$

$$a = \eta_0 = \frac{1}{h_0} = \frac{1}{h_m\,(1 + \varkappa)}\,,$$

$$b = \frac{4\,\varDelta\,\eta}{l} = \frac{4}{l} \cdot \varkappa \cdot a\,,$$

$$c = -\,\frac{4\,\varDelta\,\eta}{l^2} = -\,\frac{4}{l^2}\,\varkappa \cdot a\,.$$

Die sich hieraus ergebende Form der h_x-Kurve weicht im allgemeinen nicht sehr von der meist üblichen Parabel ab, nur für sichelförmige Träger ergeben sich wieder starke, unzulässige Abweichungen.

Mit $\quad \dfrac{1}{\cos^2\varphi} = 1 + \mathrm{tg}^2\,\varphi = 1 + \left(\dfrac{d\,y}{d\,x}\right)^2 = \dfrac{1}{l^4}\,[l^4 + 16\,f^2\,(l - 2\,x)^2]$

wird Gleichung (2)

$$\mathfrak{G} = \pm\,\frac{2\,\gamma}{\sigma} \cdot \frac{1}{l^4} \cdot \int_0^{0,5\,l} {'M_x} \cdot (a + b\,x + c\,x^2)\,[l^4 + 16\,f^2\,(l - 2\,x)^2]\,d\,x \quad . \quad . \quad (4)$$

Hierin kann man $'M_x$ ausdrücken durch $'M_x = M_x' - H \cdot y$, wobei M_x' das Moment aus Verkehrslast im einfachen Balken von der Stützweite l und H den Horizontalschub infolge der Verkehrslast bedeuten. Es sind also zunächst Ausdrücke für H und M_x' zu bilden.

Der durch Lasten erzeugte Horizontalschub hängt nur wenig ab von der Größe und der Art der Veränderlichkeit des Trägheitsmoments der Bogenquerschnitte, sofern sich die Bogenform nicht zu sehr dem Sichelträger nähert. Vgl. Weyrauch [I S. 316].

Der Horizontalschub wird daher mit einem Mittelwert J_c des Trägheitsmoments c berechnet. Man ist geneigt, als solches das in $\frac{l}{4}$ auftretende einzuführen, da der Querschnitt dort einen mittleren Steifigkeitsgrad $\frac{J}{F}$ (bei Fachwerkbogen eine mittlere Höhe) besitzt. Dies würde jedoch für den Horizontalschub infolge von Lasten zu unrichtigeren Ergebnissen führen, als die Zugrundelegung des Trägheitsmoments im Scheitel. Berechnet man nämlich den genauen Wert des Horizontalschubs eines Bogens mit annähernd konstanten Gurtquerschnitten F, dessen Trägheitsmoment von J_m im Scheitel nach den Enden zu wächst (abnimmt), so erhält man einen etwas größeren (kleineren) Wert als bei konstantem Trägheitsmoment J_m (bzw. $J_m \cdot \cos\varphi$). Es wird dies sofort klar, wenn man sich den Grenzfall vergegenwärtigt, bei dem das J_m im Scheitel im Verhältnis zu den übrigen J unendlich klein, der Bogen so zum Dreigelenkbogen wird und der Horizontalschub einen Größtwert erreicht. Würde man aber den Horizontalschub aus einem parallelgurtigen Bogen rechnen, dessen J_c (bzw. $J_c \cdot \cos\varphi$) aus dem Querschnitt im Bogenviertel ermittelt ist, so würde man sogar einen etwas kleineren (größeren) Wert erhalten als bei einem Bogen mit konstantem $J = J_m$ (bzw. $J_m \cdot \cos\varphi$), was aus den üblichen Formeln für den Horizontalschub von Zweigelenkbogen mit konstantem $J \cdot \cos\varphi$ leicht ersichtlich ist. [I] S. 314, [II] S. 216. Zu der bei Annäherungsrechnungen üblichen Zugrundelegung des Trägheitsmoments in $\frac{l}{4}$ stellt sich das Gesagte nicht in einen Gegensatz, da die obigen Betrachtungen für den in bedeutend höherem Maße von der Bogenform abhängigen Horizontalschub infolge von Wärmeänderungen nicht mehr gelten.

Für Bogen mit konstantem $J \cdot \cos \varphi$ ist nach Weyrauch [I S. 314] der Horizontalschub infolge einer Einzellast P in Entfernung a vom linken Kämpfer:

$$H = \frac{5}{(1 + \varepsilon)\, 8\, f\, l^3} \cdot P \cdot a \cdot (l - a)\, (l^2 + l\, a - a^2 - \beta\, l^2).$$

Hierin darf $\beta = 0$ gesetzt werden, ferner ist

$$\varepsilon = \frac{15}{8}\, \frac{\gamma}{f^2} \left(\frac{l^2 - 4\, f^2}{l^2 + 4\, f^2} \right)^2$$

und

$$\gamma = \frac{J \cdot \cos \varphi}{F \cos \varphi} = \frac{J_m}{F_m}.$$

Für eine von 0 bis a vorgeschobene, gleichmäßig verteilte Last von p pro Längeneinheit ist mit $p \cdot da$ statt P

$$H = \frac{5}{(1 + \varepsilon) \cdot 8}\, \frac{p}{f\, l^3} \int_0^a a \cdot (l - a)\, (l^2 + l\, a - a^2)\, da,$$

$$= \frac{p}{16\,(1 + \varepsilon)}\, \frac{a^2}{f\, l^3}\, (5\, l^3 - 5\, a^2\, l + 2\, a^3) \quad \ldots \ldots \quad (5)$$

Für eine Belastung von 0 bis a ist, wenn $x > a$

$$M_x' = \frac{a^2\, p}{2\, l}\, (l - x) \quad \ldots \ldots \ldots \quad (6)$$

und wenn $x < a$

$$M_x' = \frac{p}{2\, l}\, x\, (2\, l\, a - a^2 - x\, l) \quad \ldots \ldots \ldots \quad (7)$$

Für eine Belastung von $l - a$ bis l ist wenn $x < l - a$

$$M_x' = \frac{a^2\, p}{2\, l} \cdot x \quad \ldots \ldots \ldots \ldots \quad (8)$$

Zur Bestimmung der Lastscheiden genügt es, die Kämpferdrucklinie als eine horizontale Gerade im Abstande z über der Verbindungslinie der Kämpfergelenke anzunehmen. Hierdurch werden zwar die daraus ermittelten Lastscheiden nicht

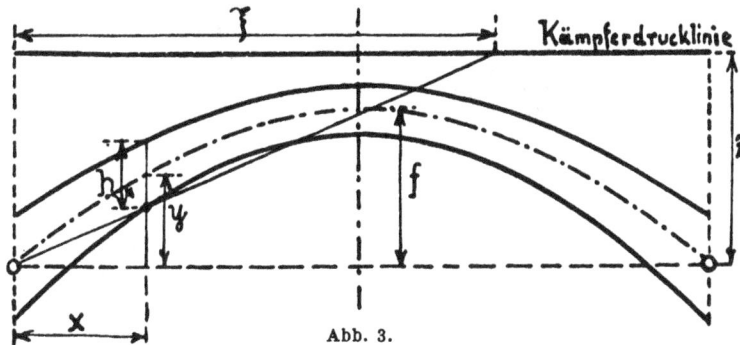

Abb. 3.

genau, doch ist bekanntlich der Einfluß einer Last in der Nähe der Lastscheiden und damit der Fehler gering; jedenfalls geringer als bei einem Verfahren, bei dem nicht nur die Grenzen der ungünstigsten Belastung, sondern auch die Momente M_x selbst mit Hilfe der Lastscheiden errechnet werden (s. Trauer a. a. O. S. 10 ff.).

Die Höhe z der Kämpferdrucklinie wird nach Weyrauch [I S. 120] und Müller-Breslau [II S. 210] angenommen mit

$$z = \frac{4}{3} f.$$

Für den Obergurtstab in dem unendlich kleinen Felde dx im Querschnitt x ist der Rittersche Momentenpunkt der Untergurtpunkt mit der Abszisse x und damit die Abszisse ξ der Lastscheide bestimmt durch

$$\xi = \frac{z \cdot x}{y - \dfrac{h_x}{2}},$$

worin sowohl y als auch $\dfrac{h_x}{2}$ Funktionen höheren Grades von x sind. Setzt man diesen Wert in die Gleichungen von H und M'_x ein, so erhält man verwickelte Ausdrücke und bei der späteren Ausrechnung der Gurtgewichte schwerlösliche Integrale. Eine Vereinfachung ist daher sehr erwünscht. Sie ist erlaubt, da, wie schon erwähnt, selbst nur annähernd richtige Lastscheiden schon recht brauchbare Resultate ergeben. In seiner in der Einleitung erwähnten Schrift [III] kommt Engesser z. B. schon mit nur 2 Laststellungen aus und erhält Ergebnisse, die gut mit den ausführlich von Trauer errechneten übereinstimmen. Zeichnet man die extremsten Formen des Bogens auf, welche in den später folgenden Tabellen I—XX S. 26—36 aufgeführt sind, und die wohl alle in der Praxis vorkommenden Formen eingrenzen, so ergeben sich keine allzu großen Abweichungen entsprechender Lastscheiden voneinander.

a) Obergurt:

In der Nähe des Kämpfers ist Vollbelastung maßgebend, bei größer werdendem x wird ξ bald $= l$, dann schnell kleiner bis zu einem Minimum von $\xi = 0,45\,l$ bis 0,55 l (Mittel 0,5 l), darauf wächst es bis $x = \dfrac{l}{2}$ wieder, wo es einen Wert von $\xi = 0,69\,l$ bis 0,81 l (Mittel 0,75 l) erreicht. Trägt man zu den x als Abszissen die Mittelwerte der ξ als Ordinaten auf, so entsteht untenstehende Kurve (Abb. 4).

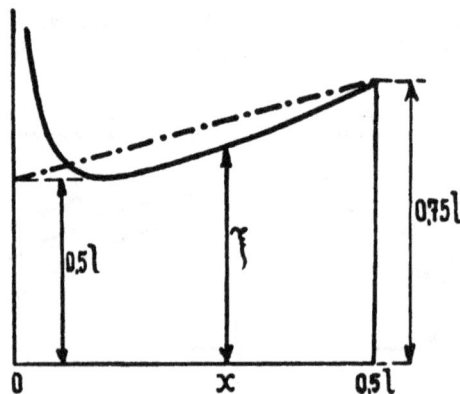

Abb. 4.

Diese Kurve wird ersetzt durch die strichpunktierte Gerade, die von $\xi = 0,5\,l$ für $x = 0$ bis $\xi = 0,75\,l$ für $x = \dfrac{l}{2}$ wächst. Auf den ersten Blick erscheint dies als eine sehr willkürliche Annäherung; gleichwohl ist sie zulässig, wenn man bedenkt, daß die Momente in der Nähe der Kämpfer, wo der Fehler am größten wird, überhaupt gering sind, und außerdem Lasten nahe dem gegenüberliegenden Kämpfer nur einen kleinen Einfluß auf diese Momente ausüben. Ein weiterer, ebenfalls geringer Fehler entsteht dadurch, daß für Querschnitte nahe dem Scheitel nicht die Belastung von 0 bis ξ, sondern von ξ_1 bis ξ maßgebend ist (vgl. Abb. 3 S. 9 und Abb. 5 S. 13). Auch dieser Fehler ist unbedenklich; man kann sich davon (ebenso auch beim obigen Fehler) leicht überzeugen, wenn man die Einflußflächen für die Gurtkräfte aufzeichnet.

Es wird also

$$\xi = 0{,}5\,l + 0{,}5\,x = \frac{l+x}{2} \quad \ldots \ldots \ldots \quad (9)$$

gesetzt (Abb. 4).

Um die größten Druckkräfte im Obergurt zu erhalten, ist von 0 bis ξ zu belasten, also $a = \xi$ und $a > x$, damit aus Gleichung (6)

$$M_{0x}' = \frac{p}{8\,l} \cdot (3\,l^2\,x - 2\,l\,x^2 - x^3)$$

und aus Gleichung (5)

$$H_0 = \frac{p}{256\,(1+\varepsilon)\,f\,l^3}\,(l+x)^2\,(16\,l^3 - 7\,l^2\,x - 2\,l\,x^2 + x^3),$$

ferner da für die parabelförmige Achse

$$y = \frac{4\,f}{l^2}\,x\,(l-x),$$

$$H_0 \cdot y = \frac{p}{64\,(1+\varepsilon)\,l^5}\,(l+x)^2\,(16\,l^3 - 7\,l^2\,x - 2\,l\,x^2 + x^3)\,(l-x)\cdot x.$$

Nach Gleichung (2) (S. 7) ist

$$\mathfrak{G}_0 = \frac{2\,\gamma}{\sigma}\int_0^{0,5\,l}\frac{'M_{0x}}{h\cdot\cos^2\varphi}\,dx = \frac{2\,\gamma}{\sigma}\left[\int_0^{0,5\,l}\frac{M_{0x}'}{h\cdot\cos^2\varphi}\,dx - \int_0^{0,5\,l}\frac{H_0\cdot y}{h\cdot\cos^2\varphi}\,dx\right].$$

Die Integrale lassen sich am einfachsten getrennt auswerten.

$$\int_0^{0,5\,l}\frac{M_{0x}'}{h\cdot\cos^2\varphi}\,dx = \frac{p}{8\,l^5}\int_0^{0,5\,l}(3\,l^2\,x - 2\,l\,x^2 - x^3)\,(a + b\,x + c\,x^2)\,[l^4 + 16\,f^2\,(l-2\,x)^2]\,dx$$

$$= \frac{\pi}{\chi\cdot\psi\,(1+\varkappa)}\,[0{,}0345 + 0{,}0279\,\varkappa + (0{,}1063 + 0{,}0689\,\varkappa)\,\chi^2]\,g\,l^2{}^*) \quad . \quad (10)$$

---

*) Als Beispiel für die Auswertung aller Integrale dieser Form wird diesmal der Rechnungsgang entwickelt.

Setzt man $d = l^2 + 16\,f^2$ und $e = 64\,f^2$, so wird

$$l^4 + 16\,f^2\,(l - 2\,x) = d\,l^2 - e\,l\,x + e\,x^2,$$

$$(3\,l^2\,x - 2\,l\,x^2 - x^3)\,(d\,l^2 - e\,l\,x + e\,x^2) = 3\,d\,l^4\,x - (2\,d + 3\,e)\,l^3\,x^2 - (d - 5\,e)\,l^2\,x^3$$
$$- e\,l\,x^4 - e\,x^5.$$

Dieses Produkt wird nacheinander mit a, $b \cdot x$ und $c \cdot x^2$ multipliziert, die erhaltenen Ausdrücke einzeln integriert und zuletzt addiert:

$$a\int_0^{0,5\,l}[3\,d\,l^4\,x - (2\,d + 3\,e)\,l^3\,x^2 - (d - 5\,e)\,l^2\,x^3 - e\,l\,x^4 - e\,x^5]\,dx,$$

$$= a\,l^6\,(0{,}27604\,d - 0{,}05572\,e);$$

$$\int_0^{0,5\,l} \frac{H_0 \cdot y}{h \cdot \cos^2 \varphi}\, dx = \frac{p}{64\,(1+\varepsilon)\,f\,l^9} \int_0^{0,5\,l} (l-x)^2\,(16\,l^3 - 7\,l^2\,x - 2\,l\,x^2 + x^3) \cdot (a + b\,x + c\,x^2)$$

$$\cdot\,[l^4 + 16\,f^2\,(l-2\,x)^2]\cdot dx$$

$$= \frac{\pi}{\chi \cdot \psi \cdot (1+\varkappa)}\,\frac{1}{1+\varepsilon}\,[0,0305 + 0,0251\,\varkappa + (0,0852 + 0,0512\,\varkappa)\,\chi^2]\,g\,l^2 \quad (11)$$

Damit wird

$$\mathfrak{G}_0 = \frac{2\,\pi}{\chi \cdot \psi \cdot (1+\varkappa)}\,\Big\{ 0,0345 + 0,0279\,\varkappa + (0,1063 + 0,0689\,\varkappa)\,\chi^2$$

$$-\,\frac{1}{1+\varepsilon}\,[0,0305 + 0,0251\,\varkappa + (0,0852 + 0,0512\,\varkappa)\,\chi^2]\Big\}\,\frac{\gamma}{\sigma}\,g\,l^2 \quad . \quad . \quad (12)$$

b) Untergurt:

Ähnlich wie für den Obergurt kann man auch für den Untergurt einfache Näherungsgleichungen für die Abszissen ξ der Lastscheiden finden (vgl. Abb. 5). Für den Kämpferquerschnitt ist wieder Vollbelastung maßgebend, für wachsende x rückt aber die Lastscheide sofort über den Bogen, erreicht. für $x = \frac{l}{4}$ den Wert $\xi = 0,36\,l$ bis $0,41\,l$ (Mittel $0,385\,l$) und für $x = \frac{l}{2}$ $\xi = 0,56\,l$ bis $0,65\,l$ (Mittel $0,60\,l$).

Für Querschnitte x in der Nähe des Scheitels tritt auch hier eine zweite Lastscheide über den Bogen, deren Einfluß jedoch nicht mehr vernachlässigt

————————

darin d und e wieder eingesetzt

$$= a\,l^6\,(0,27604\,l^2 + 0,85056\,f^2).$$

Der zweite Ausdruck

$$b \cdot \int_0^{0,5\,l} [3\,d\,l^4\,x^2 - (2\,d + 3\,e)\,l^3\,x^3 - (d - 5\,e)\,l^2\,x^4 - e\,l\,x^5 - e\,x^6]\,dx$$

ergibt ähnlich

$$= b\,l^7\,(0,08750\,l^2 - 0,16160\,f^2),$$

der dritte

$$c \int_0^{0,5\,l} [3\,d\,l^4\,x^3 - (2\,d + 3\,e)\,l^3\,x^4 - (d - 5\,e)\,l^2\,x^5 - e\,l\,x^6 - e\,x^7]\,dx,$$

$$= c\,l^8\,(0,03178\,l^2 + 0,02372\,f^2).$$

Nach Seite 8 ist

$$b = \frac{4}{l}\cdot\varkappa\,a;\quad c = -\frac{4}{l^2}\cdot\varkappa\,a.$$

Durch Einsetzen dieser Werte und Addieren der ausgewerteten Ausdrücke wird unser Integral

$$\frac{p}{8\,l^5}\int_0^{0,5\,l}(3\,l^2\,x - 2\,l\,x^2 - x^3)\,(a + b\,x + c\,x^2)\,[l^4 + 16\,f^2\,(l-2\,x)^2]\,dx$$

$$= \frac{a\,l}{8}\,[(0,27604 + 4\cdot 0,05572\,\varkappa)\,l^2 + (0,85056 + 4\cdot 0,13788\,\varkappa)\,f^2]\,p.$$

Hierin kann man nach Seite 8 setzen

$$a = \frac{1}{h_m}\,\frac{1}{1+\varkappa} = \frac{1}{l\cdot\chi\cdot\psi\,(1+\varkappa)}\quad\text{und}\quad p = \pi\cdot g$$

(vgl. die vorgeheftete Zeichenerklärung) und erhält die obenstehende Gleichung (10)

werden darf, da der Fehler zu groß würde. Für $x = 0,27\,l$ bis $0,30\,l$ (Mittel $0,28\,l$) ist die Abszisse der zweiten Lastscheide $\xi_1 = 0$, sie steigt auf $\xi_1 = 0,44\,l$ bis $0,35\,l$

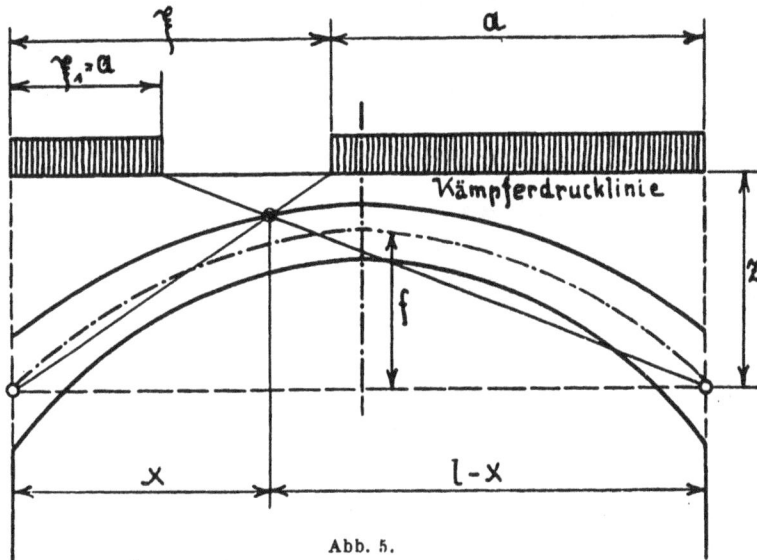

Abb. 5.

(Mittel $0,40\,l$) für $x = \dfrac{l}{2}$. Die größte Druckspannung im Untergurt wird erzeugt durch Belastung von ξ bis l, außerdem für Querschnitte nahe $\dfrac{l}{2}$ von 0 bis ξ_1. Die beiden Kurven für ξ und ξ_1 werden wieder durch Gerade ersetzt, deren Gleichungen nach Abb. 6 lauten

$$\xi = 0,1\,l + x \quad \cdots \cdots \cdots \cdots \quad (13)$$
$$\xi_1 = 1,82\,(x - 0,28\,l) \quad \cdots \cdots \cdots \quad (14)$$

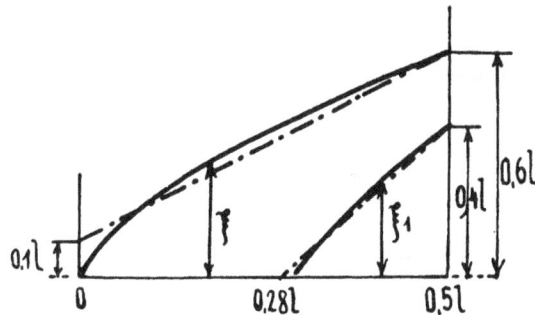

Abb. 6.

Die letztere ist natürlich nur von $x = 0,28\,l$ bis $x = 0,5\,l$ gültig, was beim Einsetzen der Grenzen der Integrale zu berücksichtigen ist.

Es ist für die Belastung von ξ bis l

$$a = l - \xi = 0,9\,l - x; \quad l - x > a,$$

daher

$$M_{ux}' = \frac{a^2\,p}{2\,l}\,x = \frac{p}{2\,l}\,(0,81\,l^2\,x - 1,8\,l\,x^2 + x^3)$$

und
$$H_u = \frac{p}{16\,(1+\varepsilon)\,f\,l^3}\,a^2\,(5\,l^3 - 5\,a^2\,l + 2\,a^3)$$

$$= \frac{p}{16\,(1+\varepsilon)\,f\,l^3}\,(0{,}81\,l^2 - 1{,}8\,l\,x^2 + x^3)\,(2{,}408\,l^3 + 4{,}14\,l^2\,x + 0{,}4\,l\,x^2 - 2\,x^3)$$

und

$$H_u \cdot y = \frac{p}{4\,(1+\varepsilon)\,l^5}\,(0{,}81\,l^2 - 1{,}8\,l\,x^2 + x^3)\,(2{,}408\,l^3 + 4{,}14\,l^2\,x + 0{,}4\,l\,x^2 - 2\,x^3)\,x\,(l - x).$$

Für die Belastung von 0 bis ξ_1 ist
$$a = \xi_1 = 1{,}82\,(x - 0{,}28\,l)\ \text{und}\ x > a,$$

daher

$$M_{1ux}' = \frac{a^2\,p}{2\,l}\,(l - x) = \frac{1{,}656}{l}\,(0{,}0784\,l^3 - 0{,}6384\,l^2\,x + 1{,}56\,l\,x^2 - x^3)\,p$$

und

$$H_{1u} = \frac{p}{16\,(1+\varepsilon)\,f\,l^3}\,(0{,}2595\,l^2 - 1{,}85\,l\,x + 3{,}312\,x^2)$$
$$\cdot (3{,}44\,l^3 + 12{,}115\,l^2\,x - 26{,}89\,l\,x^2 + 12{,}06\,x^3),$$

$$H_{1u} \cdot y = \frac{p}{4\,(1+\varepsilon)\,l^5}\,(0{,}2595\,l^2 - 1{,}85\,l\,x + 3{,}312\,x)$$
$$\cdot (3{,}44\,l^3 + 12{,}115\,l^2\,x - 26{,}89\,l\,x^2 + 12{,}06\,x^3)\,x\,(l - x),$$

$$\mathfrak{G}_u = -\frac{2\,\gamma}{\sigma}\,\int_0^{0{,}5\,l}\frac{'M_{ux}}{h\cdot\cos^2\varphi}\,dx\ \text{(nach Gleichung (2) Seite 7)}$$

$$= -\frac{2\,\gamma}{\sigma}\left[\int_0^{0{,}5\,l}\frac{M_{ux}'}{h\cdot\cos^2\varphi}\,dx - \int_0^{0{,}5\,l}\frac{H_u\cdot y}{h\cdot\cos^2\varphi}\,dx + \int_{0{,}28\,l}^{0{,}5\,l}\frac{M_{1ux}'}{h\cos^2\varphi}\,dx - \int_{0{,}28\,l}^{0{,}5\,l}\frac{H_{1u}\cdot y}{h\cos^2\varphi}\,dx\right].$$

In den beiden letzten Gliedern, deren Wert klein ist gegen die ersten, kann $\cos^2\varphi = 1$ gesetzt werden, da zwischen $0{,}28\,l$ und $0{,}5\,l$ die Winkel φ klein sind.

Die einzelnen Integrale ergeben nach Einsetzung der Werte für $\frac{1}{h}$ und $\frac{1}{\cos^2\varphi}$ wie auf S. 7 u. 8

$$\int_0^{0{,}5\,l}\frac{M_{ux}'}{h\cos^2\varphi}\,dx = \frac{\pi}{\chi\cdot\psi\,(1+\varkappa)}$$
$$\cdot[0{,}0209 + 0{,}0157\,\varkappa + (0{,}0827 + 0{,}0406\,\varkappa)\,\chi^2]\,g\cdot l^2 \quad \ldots \quad (15)$$

$$\int_0^{0{,}5\,l}\frac{H_u\cdot y}{h\cdot\cos^2\varphi}\,dx = \frac{\pi}{\chi\cdot\psi\,(1+\varkappa)\,(1+\varepsilon)}$$
$$\cdot[0{,}0260 + 0{,}0194\,\varkappa + (0{,}1083 + 0{,}0569\,\varkappa)\,\chi^2]\,g\cdot l^2 \quad \ldots \quad (16)$$

$$\int_{0{,}28\,l}^{0{,}5\,l}\frac{M_{1ux}'}{h}\,dx = \frac{\pi}{\chi\cdot\psi\,(1+\varkappa)}\,(0{,}0033 + 0{,}0008\,\varkappa)\cdot g\cdot l^2 \quad \ldots \quad (17)$$

$$\int_{0{,}28\,l}^{0{,}5\,l}\frac{H_{1u}\cdot y}{h}\,dx = \frac{\pi}{\chi\cdot\psi\,(1+\varkappa\,(1+\varepsilon)}\,(0{,}0034 + 0{,}0009\,\varkappa)\cdot g\,l^2 \quad \ldots \quad (18)$$

Damit

$$\mathfrak{G}_u = \frac{2\pi}{\chi \cdot \psi \cdot (1+\varkappa)} \left\{ -[0{,}0242 + 0{,}0164\,\varkappa + (0{,}0827 + 0{,}0406\,\varkappa)\,\chi^2] \right.$$
$$\left. + \frac{1}{1+\varepsilon} [0{,}0294 + 0{,}0202\,\varkappa + (0{,}1083 + 0{,}0569\,\varkappa)\,\chi^2] \right\} \frac{\gamma}{\sigma}\,g\,l^2 \quad . \quad . \quad (19)$$

c) Für beide Gurte zusammen erhält man:

$$'\mathfrak{G} = \mathfrak{G}_0 + \mathfrak{G}_u$$
$$= \frac{\pi}{\chi \cdot \psi\,(1+\varkappa)} \left\{ [0{,}0206 + 0{,}0228\,\varkappa + (0{,}0472 + 0{,}0566\,\varkappa)\,\chi^2] \right.$$
$$\left. - \frac{1}{1+\varepsilon} [0{,}0022 + 0{,}0097\,\varkappa - (0{,}0462 + 0{,}0114\,\varkappa)\,\chi^2] \right\} \frac{\gamma}{\sigma}\,g\,l^2 \quad . \quad . \quad (20)$$

Bei nicht besonders flachen Bogen ist ε klein.

Da in der vorstehenden Gleichung der Wert des Ausdrucks mit ε klein ist gegenüber dem ersten Ausdruck, so darf $\varepsilon = 0$ gesetzt werden und man erhält

$$'\mathfrak{G} = \frac{\pi}{\chi \cdot \psi \cdot (1+\varkappa)} [0{,}0184 + 0{,}0131\,\varkappa + (0{,}0934 + 0{,}0680\,\varkappa)\,\chi^2]\,\frac{\gamma}{\sigma}\,g\,l^2$$
$$= \frac{0{,}0184\,\pi}{\chi \cdot \psi\,(1+\varkappa)} [1 + 0{,}711\,\varkappa + (5{,}07 + 3{,}70\,\varkappa)\,\chi^2]\,\frac{\gamma}{\sigma}\,g\,l^2 \quad . \quad . \quad . \quad (21)$$

Wärmeänderungen.

Es werden nur gleichmäßige Wärmeänderungen des ganzen Bogens in Betracht gezogen. Ungleichmäßige Erwärmung der Gurte kann nur im einzelnen Fall berücksichtigt werden. Für eine mittlere Temperatur (Aufstellungstemperatur) habe der Bogen keine Wärmespannungen auszuhalten, von dort an gerechnet seien die Wärmeschwankungen nach oben und unten gleich groß und zwar gleich $\pm\,t$.

Eine Wärmeänderung allein kann mit Rücksicht auf die Gleichgewichtsbedingungen keine vertikalen Auflagerwiderstände, sondern nur einen Horizontalschub hervorrufen.

Zunächst ist dieser Horizontalschub zu ermitteln, doch darf dabei nicht mehr die für Parabelbogen mit konstantem $J \cdot \cos\varphi$ ermittelte Formel angewandt werden, da hier die Form des Bogenträgers bedeutenden Einfluß ausübt. Man erkennt dies, sobald man den Horizontalschub ausdrückt, durch

$$H = \frac{\varDelta\,l}{\delta_{aa}};$$

hierin bedeuten $\varDelta\,l$ die Änderung der Spannweite l durch die äußeren Einflüsse im statisch bestimmten System — wenn ein Auflager horizontal verschieblich gemacht wurde — und δ_{aa} die Verschiebung dieses beweglichen Auflagers in Richtung $H = -1$ durch einen Horizontalschub von der Größe $H = -1$. Für Wärmeänderungen ist der Zähler unabhängig von der Bogenform, während der Nenner δ_{aa} natürlich in erheblichem Maße von der Steifigkeit, also dem Trägheitsmoment abhängt. (Für vertikale Lasten sind Zähler und Nenner von der Bogenform abhängig und heben sich in ihrer Wirkung fast vollständig auf.)

Die allgemeine Gleichung für den Horizontalschub von Zweigelenkbogen lautet bei gleich hohen Kämpfergelenken (Weyrauch [I] S. 307)

$$\varDelta\,l = 0 = X_1 - X_2 + a\,t\,l \quad . \quad . \quad . \quad . \quad . \quad . \quad . \quad (22)$$

$\mathit{\Delta l}$ ist diesmal die tatsächliche Änderung der Spannweite, die gleich 0 wird, da unverschiebliche Kämpfer vorausgesetzt waren und α der Wärmedehnungsfestwert für 1^0 C des Baustoffes. Ferner ist (nach Weyrauch [I] S. 306)

$$X_1 = \int\limits_0^l \frac{M_x}{EJ}\, y\, ds$$

und

$$X_2 = \int\limits_0^l \left(N_x + \frac{M_x}{r} \right) \frac{dx + y \cdot d\varphi}{E \cdot F},$$

worin M_x, N_x, $F = F_x$, y, ds und $d\varphi$ die früher erklärten Werte bedeuten, dann J das Trägheitsmoment des betreffenden Bogenquerschnitts und E den Elastizitätsmodul des Baustoffes.

$$M_x = - {}^t H \cdot y.$$

Bezüglich F muß eine Annahme gemacht werden:

$$F \cdot \cos \varphi = 2 F_c,$$

worin F_c den mittleren Querschnitt e i n e s Gurts bedeutet. Damit wird

$$J = F \left(\frac{1}{2} h \cdot \cos \varphi \right)^2 = \frac{F_c}{2 \cos \varphi} h^2 \cos^2 \varphi = \frac{1}{2} F_c h^2 \cos \varphi$$

und mit

$$ds = \frac{dx}{\cos \varphi},$$

$$X_1 = - \frac{2\, {}^t H}{E F_c} \int\limits_0^l \frac{y^2}{h^2 \cdot \cos^2 \varphi}\, dx.$$

Darin ist nach früherem (S. 11)

$$y = \frac{4 f}{l^2} \cdot x \cdot (l - x),$$

$$\frac{1}{h^2} = \eta^2 = a + b x + c \cdot x^2,$$

$$\frac{1}{\cos^2 \varphi} = \frac{1}{4} [l^4 + 16 f^2 (l - 2 x)^2].$$

Damit

$$X_1 = - {}^t H\, \frac{32 f^2}{E F_c \cdot l^8} \int\limits_0^l x^2 (l - x)^2 [a + b x + c x^2]^2 \cdot [l^4 + 16 f^2 (l - 2 x)^2]\, dx$$

$$= - {}^t H\, \frac{1{,}0667\, l}{E F_c : \psi^2 (1 + \varkappa)^2} [1 + 1{,}71 \varkappa + 0{,}76 \varkappa^2 + (2{,}29 + 3{,}05 \varkappa + 1{,}05 \varkappa^2)\, \chi^2] \quad (23)$$

Das Integral X_2, das den Einfluß der Normalkräfte zum Ausdruck bringt, enthält J nicht, kann also wie für den Bogen mit konstantem $J \cdot \cos \varphi$ ausgerechnet werden, doch wird es für nicht zu flache Bogen so klein, daß man es häufig vernachlässigt. Bei Wirkung von Wärmeänderungen allein tritt überdies die Bedeutung der Normalkräfte gegenüber den Momenten noch viel mehr zurück als bei Beanspruchung durch Lasten, weshalb die Vernachlässigung unbedenklich zulässig wird. Damit wird Gleichung (22)

$$0 = X_1 + a \cdot t \cdot l$$

und mit (23) der Horizontalschub

$${}^t H = 0{,}9375\, E \cdot at \cdot F_c\, \psi^2\, \frac{1}{K_1} \quad \ldots \ldots \ldots \quad (24)$$

wobei

$$K_1 = \frac{1}{(1+\varkappa)^2}\,[1 + 1{,}71\,\varkappa + 0{,}76\,\varkappa^2 + (2{,}29 + 3{,}05\,\varkappa + 1{,}05\,\varkappa^2)\,\chi^2].$$

Dieser Horizontalschub ist also nicht mehr unabhängig vom tatsächlichen Querschnitt, sondern proportional dem mittleren Gurtquerschnitt F_c, für welchen ein Näherungswert zu ermitteln ist. Es wäre nun zu untersuchen, welcher Querschnitt tatsächlich den mittleren Wert besitzt. In der Praxis jedoch wählt man meist einen möglichst großen Querschnitt, mit Rücksicht auf die Unsicherheit bei Schätzung der Wärmeunterschiede. Die größten Gurtkräfte aus Verkehrslast treten etwa in $\frac{l}{4}$ auf, daher wird (mit Engesser [III]) der Querschnitt eines Obergurtstabs in $\frac{l}{4}$ als maßgebend gewählt.

Nach Gleichung (1a) ist

$$S_c = \frac{N_x}{2} \pm \frac{M_x}{h \cos \varphi} = \frac{1}{\cos \varphi}\left(\frac{H}{2} \pm \frac{M_x}{h}\right) \quad \ldots \ldots \quad (25)$$

da $N_x = \dfrac{H}{\cos \varphi}$. wobei für den Obergurt das obere Vorzeichen gilt.

$$H = {}^0H + {}'H + {}^tH'.$$

${}^tH'$ ist der für die größte Druckspannung im Obergurt maßgebende Horizontalschub, welcher durch eine Wärmeerniedrigung um t^0 erzeugt wird, während das gesuchte ${}^tH$ einer gleich großen Wärmeerhöhung entspricht. Es ist also

$${}^tH' = -{}^tH$$

und

$$H = {}^0H + {}'H - {}^tH.$$

Der Horizontalschub aus dem auf die ganze Länge gleichmäßig verteilten Eigengewicht von g auf die Längeneinheit ist nach S. 9 Gleichung (5) mit $a = l$ und unter Vernachlässigung von ε

$${}^0H = \frac{1}{16\,f}\,\frac{l^2}{l^3}\,(5\,l^3 - 5\,l^3 + 2\,l^3)\,g = \frac{g\,l^2}{8\,f}.$$

Die Lastscheide für den gesuchten Obergurtstab liegt ziemlich genau bei $\xi = \dfrac{l}{2}$. Daher

$${}'H = \frac{1}{16\,f}\,\frac{l^2}{4\,l^3}\left(5\,l^3 - \frac{5}{4}\,l^3 + \frac{2}{8}\,l^3\right)p = \frac{p\,l^2}{16\,f}.$$

Das Moment $M_x = M_x' - H \cdot y$ wird für Eigengewicht = 0, da der Einfluß der Verkürzung der Bogenachse nicht berücksichtigt werden darf, wenn man einen Mittelwert des Querschnitts beider Gurte erhalten soll. Das Moment im einfachen Balken wird $M' = \dfrac{p\,l^2}{16}$ und damit

$$M_x = M_x' - ({}'H - {}^tH) \cdot y$$
$$= \frac{p \cdot l^2}{64} + \frac{3}{4}\,f\,{}^tH,$$

da für
$$x = \frac{l}{4}, \; y = \frac{3}{4} f$$
wird.

Ferner ist angenähert nach dem Parabelgesetz
$$h = h_m + 0{,}25 \, \Delta h = h_m \, (1 + 0{,}25 \, \varkappa),$$
wobei die Abweichung gegen den nach S. 7 gerechneten Gurtabstand gering ist und
$$\frac{1}{\cos \varphi} = \sqrt{1 + \operatorname{tg}^2 \varphi} = \sqrt{1 + 4 \, \chi^2}.$$

Man erhält dann

$$S_c = \sqrt{1 + 4 \, \chi^2} \left[\frac{g \, l^2}{16 \, f} + \frac{p \, l^2}{32 \, f} - \frac{{}^t H}{2} + \frac{1}{h_m \, (1 + 0{,}25 \, \varkappa)} \left(\frac{p \, l^2}{64} + \frac{3}{4} f \, {}^t H_t \right) \right]$$

$$= \frac{\sqrt{1 + 4 \, \chi^2}}{4} \left\{ \frac{g \, l^2}{8 \, f} \left[2 + \pi \left(1 + \frac{1}{2 \, \psi \, (1 + 0{,}25 \, \varkappa)} \right) \right] + {}^t H \left(\frac{3}{\psi \, (1 + 0{,}25 \, \varkappa)} - 2 \right) \right\} \quad (26)$$

$$F_c = k \cdot \frac{S_c}{\sigma} \quad \ldots \ldots \ldots \ldots \quad (27)$$

wobei σ die zulässige Beanspruchung des Baustoffes und k der Ausführungsbeiwert ist, welcher aber nur solche Zuschläge enthält, die eine Erhöhung der Steifigkeit bedeuten, d. i. Walzzuschlag, Zuschlag für Querschnittsbemessung sowie für Steifigkeit der Knotenpunkte und Füllungsglieder, welche zusammen mit 20% des theoretischen Querschnitts bewertet werden können; also $k = 1{,}2$. Gleichung (24) auf S. 17 wird dann

$$^t H = 0{,}9375 \, E \cdot a \, t \, \psi^2 \frac{1}{K_1} \cdot k \cdot \frac{S_c}{\sigma}$$

und nach Einsetzung von S_c aus Gleichung (26)

$$^t H = 0{,}9375 \, E \cdot a \, t \, \psi^2 \frac{k}{\sigma \, K_1} \frac{\sqrt{1 + 4 \, \chi^2}}{4}$$

$$\cdot \left\{ \frac{g \, l^2}{8 \, \chi} \left[2 + \pi \left(1 + \frac{1}{2 \, \psi \, (1 + 0{,}25 \, \varkappa)} \right) \right] + {}^t H \left(\frac{3}{\psi \, (1 + 0{,}25 \, \varkappa)} - 2 \right) \right\}$$

$$= \frac{1}{8 \, \chi} \cdot \frac{2 + \pi \left(1 + \dfrac{1}{2 \, \psi \, (1 + 0{,}25 \, \varkappa)} \right)}{T - \left(\dfrac{3}{\psi \, (1 + 0{,}25 \, \varkappa)} - 2 \right)} \, g \, l \quad \ldots \ldots \ldots \quad (28)$$

worin

$$T = \frac{4 \, \sigma \, K_1}{0{,}9375 \, E \cdot a \, t \, \psi^2 \, k \, \sqrt{1 + 4 \, \chi^2}}.$$

Das theoretische Gurtgewicht aus Wärmekräften ist

$$^t G = {}^t G_0 + {}^t G_u = \frac{\gamma}{\sigma} \int_0^l {}^t S_0 \, d s_0 + \frac{\gamma}{\sigma} \int_0^l {}^t S_u \, d s_u.$$

Setzt man wie auf S. 6
$$d s_0 = d s_u = d s,$$
so erhält man
$$^t G = \frac{\gamma}{\sigma} \int_0^l ({}^t S_0 + {}^t S_u) \, d s;$$

nach Gleichung (25) ist

$$
{}^tS_0 = \frac{1}{\cos\varphi}\left(-\frac{{}^tH}{2} - \frac{{}^tH}{h}\,y\right),
$$

$$
{}^tS_u = \frac{1}{\cos\varphi}\left(\frac{{}^tH}{2} + \frac{{}^tH}{h}\,y\right),
$$

also

$$
{}^tS_0 + {}^tS_u = \frac{2\,{}^tH\cdot y}{h\cos\varphi},
$$

und mit

$$
dx = ds\cdot\cos\varphi
$$

$$
{}^tG = \frac{2\,\gamma}{\sigma}\int_0^l \frac{{}^tH\cdot y}{h\cdot\cos^2\varphi}\,dx \quad \dots\dots\dots \quad (29)
$$

und mit den Werten von S. 7, 8 u. 11 für h, $\cos^2\varphi$ und y

$$
{}^tG = \frac{2\,\gamma}{\sigma}\,\frac{f}{l^6}\,{}^tH\cdot\int_0^l [l^4 + 16\,f^2\,(l-x)^2]\,(a + bx + cx^2)\,x\,(l-x)\,dx
$$

$$
= \frac{4}{3}\,\frac{\gamma}{\sigma}\,\frac{l}{\psi}\,{}^tH\cdot K_2
$$

$$
= \frac{1}{6\,\chi\cdot\psi}\,\frac{2 + \pi\left(1 + \dfrac{1}{2\,\psi\,(1+0{,}25\,\varkappa)}\right)}{T - \left(\dfrac{3}{\psi\,(1+0{,}25\,\varkappa)} - 2\right)}\,K_2\,\frac{\gamma}{\sigma}\,g\,l^2 \quad \dots\dots \quad (30)
$$

worin

$$
K_2 = \frac{1}{1+\varkappa}\,[1 + 0{,}8\,\varkappa + (3{,}2 + 1{,}83\,\varkappa)\,\chi^2].
$$

3. Sichelbogen.

Für Sichelbogen weicht zunächst der Horizontalschub ziemlich von dem früher gerechneten Werte ab, dann aber ist es nicht mehr zulässig, die Gurthöhe nach dem angewandten Gesetze sich ändern zu lassen, denn es würde darnach für ein beliebiges x mit $\varkappa = -1$, $\dfrac{1}{h} = \infty$ und $h = 0$.

Es werden daher beide Gurte nach Parabeln geformt, womit auch die Gurthöhe sich nach dem Parabelgesetz ändert. Für derartige Zweigelenkbogen hat Müller-Breslau (siehe [II] S. 210) geschlossene Formeln für den Horizontalschub abgeleitet, welche hier Verwendung finden können. Bezüglich der Lastscheiden usw. müssen natürlich dieselben Annahmen gemacht werden wie früher, damit die sich ergebenden Gewichte verglichen werden können.

Vertikale Aktivkräfte.

Wie früher werden nur die Momente aus Verkehrslast berücksichtigt. Der Horizontalschub für eine Einzellast P, deren Entfernungen von den Kämpfersenkrechten a und b sind, ist nach Müller-Breslau ([II] S. 205) mit Einführung unserer Bezeichnungen

$$
H = \frac{6}{\chi}\,\frac{\left[1 + 16\,\chi^2\left(1 - \frac{1}{4}\,\psi^2\right)\right]a_1 - \chi^2\left(1 - \frac{1}{4}\,\psi^2\right)a_2}{6\left(1 + \frac{1}{4}\,\psi^2\right) + 32\,\chi^2\left(1 - \frac{1}{4}\,\psi^2\right)^2}\,P \quad \dots\quad (31)
$$

worin
$$a_1 = \frac{1}{4}\left(\frac{a}{l}\ln\frac{l}{a} + \frac{b}{l}\ln\frac{l}{b}\right),$$
$$a_2 = 8\,\frac{a\cdot b}{l^2}.$$

Zur Abkürzung wird geschrieben
$$H = (A\cdot a_1 - B\cdot a_2)\,P.$$

Für eine gleichmäßig verteilte Last p für die Längeneinheit von 0 bis a wird
$$'H = (A\,\beta_1 + B\cdot\beta_2)\,p \quad . \quad . \quad . \quad . \quad . \quad . \quad . \quad . \quad (32)$$

worin $\quad \beta_1 = \int_0^a a_1\,da = \frac{l}{16}\left[1 + \frac{a}{l} - \frac{b}{l} + 2\left(\frac{a}{l}\right)^2\ln\frac{l}{a} - 2\left(\frac{b}{l}\right)^2\ln\frac{l}{b}\right],$

$$\beta_2 = \int_0^a a_2\,da = \frac{4}{3\,l^2}\,a^2\,(3\,l - 2\,a).$$

Für die a sind wieder die für die ungünstigsten Laststellungen aufgestellten Ausdrücke einzusetzen. Die Integrale zur Gewichtsermittlung werden damit sehr umständlich. Daher sind die Werte β_1 und β_2 für verschiedene Werte $\frac{x}{l}$ ermittelt und die Integrale nach der Simpsonschen Regel ausgewertet.

$\frac{a}{l}$	$\frac{\beta_1}{l}$	$\frac{\beta_2}{l}$	$\frac{a}{l}$	$\frac{\beta_1}{l}$	$\frac{\beta_2}{l}$
0	0,00000	0,00000	0,55	0,07121	0,76633
0,05	0,00140	0,00967	0,6	0,07966	0,86400
0,1	0,00471	0,03733	0,65	0,08793	0,95767
0,15	0,00941	0,08100	0,7	0,09586	1,04533
0,2	0,01520	0,13867	0,75	0,10313	1,12500
0,25	0,02187	0,20833	0,8	0,10980	1,19468
0,3	0,02914	0,28800	0,85	0,11559	1,25233
0,35	0,03707	0,37567	0,9	0,12029	1,29600
0,4	0,04534	0,46933	0,95	0,12360	1,32367
0,45	0,05379	0,56700	1,0	0,12500	1,33333
0,5	0,06250	0,66667			

a) Obergurt:

Wie früher (S. 11) ist
$$\mathfrak{G}_0 = \frac{2\,\gamma}{\sigma}\left[\int_0^{0,5\,l}\frac{M_{0x}'}{h\cos^2\varphi}\,dx - \int_0^{0,5\,l}\frac{H_0\cdot y}{h\cos^2\varphi}\,dx\right].$$

Für den Sichelträger mit parabolischen Gurten ist
$$h = h_m\,\frac{4}{l^2}\,x\,(l-x).$$

M_{0x}' bleibt wie früher
$$M_{0x}' = \frac{p}{8\,l}\cdot x\cdot(l-x)\,(3\,l+x).$$

Mit dem früher abgeleiteten Ausdruck für $\frac{1}{\cos^2\varphi}$ (S. 8) wird
$$\int_0^{0,5\,l}\frac{M_{0x}'}{h\cdot\cos^2\varphi} = \frac{p}{32\,\chi\cdot\psi\,l^4}\int_0^{0,5\,l}(3\,l+x)\,[l^4 + 16\,f^2\,(l-2\,x)^2]\,dx$$
$$= \frac{\pi}{\chi\cdot\psi}\,(0{,}0508 + 0{,}260\,\chi^2)\,g\,l^2 \quad . \quad . \quad . \quad . \quad . \quad . \quad . \quad (33)$$

Da $\qquad\qquad \dfrac{y}{h} = \dfrac{f}{h_m} = \dfrac{1}{\psi}$

unveränderlich ist und

$$\frac{1}{\cos^2 \varphi} = 1 + n \cdot \chi^2$$

geschrieben werden kann, wobei $n = 16 \left(\dfrac{l - 2x}{l}\right)^2$ von $x = 0$ bis $\dfrac{l}{2}$ von 16 bis 0 abnimmt, so wird

$$\int_0^{0,5\,l} \frac{H_0 \cdot y}{h \cdot \cos^2 \varphi} = \frac{1}{\psi}\, \rho \int_0^{0,5\,l} (A\beta_1 - B\beta_2)(1 + n \cdot \chi^2)\, dx.$$

Das letzte Integral kann aufgelöst werden in

$$A \int_0^{0,5\,l} \beta_1\, dx - B \int_0^{0,5\,l} \beta_2\, dx + \chi^2 A \int_0^{0,5\,l} n\,\beta_1\, dx - \chi^2 B \int_0^{0,5\,l} n\,\beta_2\, dx,$$

wobei die einzelnen Integrale nach der Simpsonschen Regel ausgewertet werden sollen. Diese lautet

$$\int_0^z y\, dx = F = \frac{1}{3}(y_0 + 4\,y_1 + 2\,y_2 + 4\,y_3 + \cdots\cdots + 4\,y_{m-1} + y_m)\, h,$$

worin y_0, y_1 .... die in den Abszissenabschnitten $h = \dfrac{z}{m}$ gemessenen Ordinaten sind und m eine gerade Zahl ist. Wie früher (S. 11) ist

$$\xi = a = \frac{l}{2}\left(1 + \frac{x}{l}\right) \text{ also } \frac{a}{l} = \frac{1}{2}\left(1 + \frac{x}{l}\right),$$

daraus sind die β_1 und β_2, sowie die $n\beta_1$ und $n\beta_2$ für $x = 0$ bis $x = \dfrac{l}{2}$ in Intervallen von $\dfrac{x}{l} = 0,05$ berechnet und die zusammengehörigen Werte nach Simpson addiert.

$\dfrac{x}{l}$	$\dfrac{a}{l}$	β_1	β_2	n	$n\,\beta_1$	$n \cdot \beta_2$
0	0,5	0,06250	0,66667	16	1,0000	10,667
0,05	0,525	0,06688	0,71663	12,96	0,8667	9,288
0,1	0,55	0,07121	0,76633	10,24	0,7292	7,847
0,15	0,575	0,07547	0,81554	7,84	0,5917	6,394
0,2	0,6	0,07966	0,86400	5,76	0,4589	4,977
0,25	0,625	0,08381	0,91147	4,00	0,3352	3,646
0,3	0,65	0,08793	0,95767	2,65	0,2251	2,452
0,35	0,675	0,09192	1,00238	1,44	0,1324	1,443
0,4	0,7	0,09586	1,04533	0,64	0,0614	0,669
0,45	0,725	0,09958	1,08629	0,16	0,0159	0,174
0,5	0,75	0,10313	1,12500	—	—	—
Nach Simpson $\Sigma =$		0,83528	9,0625		3,9162	42,261

Multiplikator: $\dfrac{l}{20} \cdot l$

$$\int_0^{0,5\,l} \frac{H_0 \cdot y}{h \cos^2 \varphi}\, dx = \frac{\pi}{\psi}\,[(0,04176 + 0,1958\,\chi^2)\,A - (0,4531 + 2,113\,\chi^2)\,B]\,g\,l^2 \qquad (34)$$

b) Untergurt:

Nach S. 14 ist

$$\mathfrak{G}_u = -\frac{2\gamma}{\sigma}\left[\int_0^{0,5\,l}\frac{M_{ux}'}{h\cos^2\varphi}\,dx - \int_0^{0,5\,l}\frac{H_u\cdot y}{h\cos^2\varphi}\,dx + \int_{0,3\,l}^{0,5\,l}\frac{M_{1ux}'}{h}\,dx - \int_{0,3\,l}^{0,5\,l}\frac{H_{1u}\cdot y}{h}\,dx\right],$$

wobei nur der Einfachheit halber die untere Grenze der beiden letzten Integrale abgerundet wurde.

$$M_{ux}' = \frac{p}{2\,l}\,(0,81\,l^2\,x - 1,8\,l\,x^2 + x^3),$$

dies ist fast genau

$$M_{ux}' = \frac{p}{2\,l}\,x\,(l-x)\,(0,81\,l - 0,99\,x),$$

damit wird

$$\int_0^{0,5\,l}\frac{M_{ux}'}{h\cdot\cos^2\varphi}\,dx = \frac{p}{8\,\chi\,\psi\,l^4}\int_0^{0,5\,l}(0,81\,l - 0,99\,x)\cdot[l^4 + 16\,f^2\,(l - 2\,x)^2]\,dx$$

$$= \frac{\pi}{\chi\cdot\psi}\,(0,03516 + 0,229\,\chi^2)\,g\,l^2 \quad \ldots \ldots \ldots \quad (35)$$

Mit

$$a = l - \xi = 0,9\,l - x, \quad \frac{a}{l} = 0,9 - \frac{x}{l}$$

erhält man für das Integral

$$\int_0^{0,5\,l}\frac{H_u\cdot y}{h\cdot\cos^2\varphi} = \frac{p}{\psi}\int_0^{0,5\,l}(A\,\beta_1 - B\,\beta_2)\left[1 + 16\,\chi^2\left(1 - 2\,\frac{x}{l}\right)^2\right]dx$$

folgende Tabelle:

$\frac{x}{l}$	$\frac{a}{l}$	β_1	β_2	n	$n\cdot\beta_1$	$n\,\beta_2$
0	0,9	0,12029	1,29600	16	1,9246	20,740
0,05	0,85	0,11559	1,25233	12,96	1,4979	16,230
0,1	0,8	0,10980	1,19468	10,24	1,1242	12,234
0,15	0,75	0,10313	1,12500	7,84	0,8085	8,820
0,2	0,7	0,09586	1,04533	5,76	0,5521	6,021
0,25	0,65	0,08793	0,95767	4,00	0,3517	3,830
0,3	0,6	0,07966	0,86400	2,65	0,2039	2,212
0,35	0,55	0,07121	0,76633	1,44	0,1025	1,104
0,4	0,5	0,06250	0,66667	0,64	0,0400	0,427
0,45	0,45	0,05379	0,56700	0,16	0,0086	0,091
0,5	0,4	0,04534	0,46933	—	—	—
Nach Simpson $\Sigma =$		0,86262	9,3267		5,6140	61,949

Multiplikator: $\frac{l}{20}\cdot l$

$$\int_0^{0,05\,l}\frac{H_u\cdot y}{h\cos^2\varphi}\,dx = \frac{\pi}{\psi}\,[(0,04313 + 0,2807\,\chi^2)\,A - (0,4663 + 3,047\,\chi^2)\,B]\,g\,l^2 \quad (36)$$

Bei den für Querschnitte nahe dem Scheitel notwendigen Belastungen von 0 bis ξ_1, welche einen verhältnismäßig geringen Einfluß auf das Gurtgewicht haben, wurde die untere Grenze des Integrals näherungsweise zu $0,3\,l$ statt $0,28\,l$ angenommen. Dementsprechend soll auch der Einfachheit halber der Ausdruck für ξ_1 und M_{1ux}' (vgl. S. 14) geändert werden in

$$\xi_1 = 2\,(x - 0,3\,l),$$

damit

$$\frac{a}{l} = \frac{\xi_1}{l} = 2\left(\frac{x}{l} - 0,3\right)$$

und

$$M_{1ux}' = \frac{a^2\,p}{2\,l}\,(l - x) = \frac{2}{l}\,(l - x)\,(0,09\,l^2 - 0,6\,l\,x + x^2)\,p,$$

$$\int_{0,3\,l}^{0,5\,l} \frac{M_{1ux}'}{h}\,dx = \frac{p}{2\,\chi\,\psi}\int_{0,3\,l}^{0,5\,l} \frac{0,09\,l^2 - 0,6\,l\,x + x^2}{x}\,dx$$

$$= \frac{p}{2\,\chi\,\psi}\left[0,09\,l^2\int_{0,3\,l}^{0,5\,l}\frac{dx}{x} - \int_{0,3\,l}^{0,5\,l}(0,6\,l - x)\,dx\right]$$

$$= \frac{\pi}{\chi\cdot\psi}\,0,00300\,g\,l^2 \quad\ldots\ldots\ldots\ldots \quad (37)$$

Ferner wird, da $\dfrac{y}{h} = \dfrac{1}{\psi}$,

$$\int_{0,3\,l}^{0,5\,l} \frac{H_{1u}\cdot y}{h}\,dx = \frac{1}{\psi}\,p\int_{0,3\,l}^{0,5\,l}(A\,\beta_1 - B\,\beta_2)\,dx,$$

wofür genau wie beim Vorgang auf S. 21 folgende Tabelle berechnet wurde:

$\frac{x}{l}$	$\frac{a}{l}$	β_1	β_2
0,3	—	—	—
0,35	0,1	0,00471	0,03733
0,4	0,2	0,01520	0,13867
0,45	0,3	0,02914	0,28800
0,5	0,4	0,04534	0,46933

Nach Simpson $\Sigma = \underbrace{0,07038 \qquad 0,6827}$

Multiplikator: $\dfrac{l}{20}\cdot l$

$$\int_{0,3\,l}^{0,5\,l} \frac{H_{1u}\cdot y}{h}\,dx = \frac{\pi}{\psi}\,(0,00352\,A - 0,0341\,B)\,g\,l^2 \quad\ldots\ldots \quad (38)$$

c) Insgesamt erhält man:

$$\mathfrak{G} = \mathfrak{G}_0 + \mathfrak{G}_u$$
$$= \frac{2\gamma}{\sigma}\,\frac{\pi}{\psi}\left\{\frac{1}{\chi}\,[0,01262 + 0,031\,\chi^2] + (0,00489 + 0,0849\,\chi^2)\,A\right.$$
$$\left. - (0,0473 + 0,934\,\chi^2)\,B\right\}g\,l^2. \quad (39)$$

Wärmeänderungen.

Der Ausdruck von Müller-Breslau für den Horizontalschub aus Wärmeänderungen lautet mit unseren Bezeichnungen:

$$^tH = E \cdot a\,t\,F_c \frac{3\,\psi^2}{6\left(1 + \frac{1}{4}\,\psi^2\right) + 32\left(1 - \frac{1}{4}\,\psi^2\right)^2} = E \cdot a\,t \cdot F_c \cdot D \quad . \quad (40)$$

F_c wird wie früher für einen Querschnitt in $x = \frac{l}{4}$ ermittelt.

Hierfür ist

$$h = \frac{3}{4}\,h_m, \quad \frac{h}{f} = \frac{3}{4}\,\psi.$$

Mit den Gleichungen (26) und (27) auf S. 18 wird dann

$$F_c = \frac{k}{\sigma}\,S_c = \frac{k}{\sigma}\,\sqrt{1 + 4\,\chi^2}\left\{\frac{g\,l^2}{32\,\chi}\left[2 + \pi\left(1 + \frac{2}{3\,\psi}\right)\right] + {}^tH\left(\frac{1}{\psi} - \frac{1}{2}\right)\right\} \quad (41)$$

womit

$$^tH = E \cdot a\,t\,D\,\frac{k}{\sigma}\,\sqrt{1 + 4\,\chi^2}\left\{\frac{g\,l^2}{32\,\chi}\left[2 + \pi\left(1 + \frac{2}{3\,\psi}\right)\right] + {}^tH\left(\frac{1}{\psi} - \frac{1}{2}\right)\right\}$$

und daraus

$$^tH = \frac{1}{32 \cdot \chi}\,\frac{2 + \pi\left(1 + \frac{2}{3\,\psi}\right)}{T - \left(\frac{1}{\psi} - \frac{1}{2}\right)}\,g\,l \quad . \quad . \quad . \quad . \quad . \quad (42)$$

worin

$$T = \frac{\sigma}{3\,k \cdot E\,a\,t\,\sqrt{1 + 4\,\chi^2}} \cdot \frac{6\left(1 + \frac{1}{4}\,\psi^2\right) + 32\,\chi^2\left(1 - \frac{1}{4}\,\psi^2\right)^2}{\psi^2}.$$

Das Gurtgewicht aus Wärmekräften ist nach S. 19, da $\frac{y}{h} = \frac{1}{\psi}$

$$^tG = \frac{2\,\gamma}{\sigma}\,{}^tH\,\frac{1}{l^4\,\psi}\int_0^l [(l^2 + 16\,f^2)\,l^2 - 64\,f^2\,l\,x + 64\,f^2\,x^2]\,dx = 2\,\frac{\gamma\,l}{\sigma\,\psi}\,{}^tH\,K_2$$

$$= \frac{1}{16\,\chi \cdot \psi}\,\frac{2 + \pi\left(1 + \frac{2}{3\,\psi}\right)}{T - \left(\frac{1}{\psi} - \frac{1}{2}\right)}\,K_2\,\frac{\gamma}{\sigma}\,g\,l^2 \quad . \quad . \quad . \quad . \quad (43)$$

worin $K_2 = 1 + 5{,}333\,\chi^2$ ist.

IV. Ermittlung der günstigsten Form.

1. Mit einer zulässigen Beanspruchung $\sigma = 10000$ t/qm.

Die Berechnung der dem geringsten Gurtgewichte entsprechenden Gurtlinienführung ist nach der Theorie der Maxima und Minima schon deshalb nicht
möglich, weil keine für alle Fälle gültigen geschlossenen Formeln aufgestellt
werden konnten. Sie würde aber auch ohnedies wegen des Umfangs der zu
differenzierenden Ausdrücke kaum durchführbar sein oder doch jedenfalls zu
unübersichtlichen Ergebnissen führen. Es wurde daher vorgezogen, für eine
Reihe von Bogenformen mit verschiedenen χ, ψ, $\varkappa$ und mit verschiedenen Verhältnissen π der Verkehrslast zum Eigengewicht die Gewichte $'\mathfrak{G}$, $'\mathfrak{G}$ und $\mathfrak{G}$ zu
ermitteln und in Tabellen zu ordnen. Dieses Vorgehen hat den Vorzug, daß
auch der Gewichtsunterschied zwischen einem nach der günstigsten Form ge-

stalteten Bogen und einem anders geformten aus den Tabellen sofort zu ermitteln ist. Hieraus können die Mehrkosten für einen solchen Bogen berechnet
und gegen etwaige andere Vorteile abgewogen werden. Zur Ausrechnung müssen
bestimmte Annahmen bezüglich der zulässigen Beanspruchung σ, sowie der Werte
t, a und E gemacht werden. Es wird zunächst gesetzt: $a \cdot E = 240$, $t = \pm 35^0$
und $\sigma = 10000$ t/qm und damit werden die in den Tabellen I—XX S. 26—36
zusammengestellten Gewichte $\mathfrak{G}$ gerechnet, welche zur besseren Veranschau-
lichung als Ordinaten zu den Abszissen $\varkappa$ auf Tafel I—V graphisch aufgetragen
werden. Hierbei werden nicht die Werte für Träger mit gleicher Scheitelgurthöhe in ein und derselben Reihe zusammengestellt bzw. durch Schaulinien miteinander verbunden, sondern solche, bei denen die durch die Gurtlinien und die
Kämpfersenkrechten eingeschlossenen Flächen gleich sind.

Diese Wahl ist getroffen, erstens weil Bogenträger mit gleicher Fläche mit
Rücksicht auf das Aussehen am ehesten verglichen werden können, da ein Sichel-
träger sehr zierlich aussehen kann, während ein Bogenträger mit gleich großer
Scheitelgurthöhe und parallelen oder nach den Enden zu auseinanderlaufenden
Gurten schon einen recht plumpen Eindruck macht und die eine oder die andere
Bauart für einen bestimmten Zweck vielleicht gar nicht mehr in Betracht kommt.
Zweitens sind bei Bogen, deren Umrisse gleiche Flächen einschließen, die
Summen der Füllungsstablängen gleich groß und damit ist beim Vergleich sol-
cher Bogen — wie schon auf S. 5 ausgeführt — der Einfluß des Gewichts der
Füllungsglieder ausgeschaltet.

Es genügt, wenn man hierbei die Gurtlinien als Parabeln ansieht. Man erhält den Flächeninhalt durch Zerlegen in ein durch 2 parallele Bogen mit dem
Abstand h_0 begrenztes Stück und eine Sichelfläche von der Höhe Δh

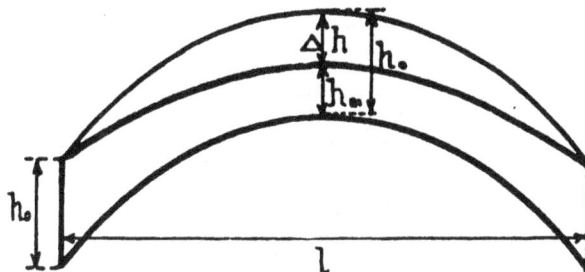

Abb. 7.

$$F = l\left(h_0 - \frac{2}{3}\,\Delta h\right) = l\left(h_m + \Delta h - \frac{2}{3}\,\Delta h\right)$$
$$= \psi\, l\,(1 + 0{,}33\,\varkappa).$$

Bei gleicher Stützweite werden daher die Flächen F gleich sein, wenn ψ_n
$= \psi\,(1 + 0{,}33\,\varkappa)$ konstant ist. Bei parabelförmigen Gurten tritt die zu ψ_n gehörige Gurthöhe h_n auf, bei $x = 0{,}211\,l$. Die Formeln für $'\mathfrak{G}$ und $'G$ lauten dann

mit $\dfrac{\psi_n}{1 + 0{,}33\,\varkappa}$ statt ψ, für Bogen mit parallelen und divergierenden Gurten
nach Gleichung (21) S. 15,

$$'\mathfrak{G} = \frac{0{,}01842\,\pi_i}{\chi\,\psi_n}\,K_0 \cdot \frac{\gamma}{\sigma}\,g\,l^2 \quad . \quad . \quad . \quad . \quad . \quad . \quad (44)$$

mit

$$K_0 = \frac{1 + 0{,}33\,\varkappa}{1 + \varkappa}\,[1 + 0{,}711\,\varkappa + (5{,}07 + 3{,}70\,\varkappa)\,\chi^2],$$

ferner nach Gleichung (30) S. 19,

$$'G = \frac{1}{6\,\chi\,\psi_n} \cdot \frac{2 + \pi\left(1 + \dfrac{1 + 0{,}33\,\varkappa}{2\,\psi_n\,(1 + 0{,}25\,\varkappa)}\right)}{T - \left(\dfrac{3\,(1 + 0{,}33\,\varkappa)}{\psi_n\,(1 + 0{,}25\,\varkappa)} - 2\right)} \, K_2 \, \frac{\gamma}{\chi} \, g\,l^2 \quad . \quad . \quad . \quad (45)$$

mit $\qquad K_2 = \dfrac{1 + 0{,}33\,\varkappa}{1 + \varkappa}\,[1 + 0{,}8\,\varkappa + (3{,}2 + 1{,}83\,\varkappa)\,\chi^2];\quad T \text{ s. S. } 18.$

Für Sichelbogen ist $\qquad \varkappa = -1, \quad \psi = \dfrac{3}{2}\,\psi_n,$

damit nach Gleichung (39) S. 23,

$$'\mathfrak{G} = \frac{4}{3}\,\frac{\pi}{\psi_n}\left\{\begin{matrix}1\\\chi\end{matrix}\,[0{,}01262 + 0{,}031\,\chi^2] + (0{,}00489 + 0{,}0849\,\chi^2)\,A\right.$$
$$\left. - (0{,}0473 + 0{,}934\,\chi^2)\,B\right\}\,\frac{\gamma}{\sigma}\,g\,l \quad (46)$$

mit $\qquad A = \dfrac{6}{\chi}\,\dfrac{1 + 16\,\chi^2\left(1 - \dfrac{9}{16}\,\psi_n{}^2\right)}{N};\quad B = \dfrac{6\,\chi\left(1 - \dfrac{9}{16}\,\psi_n{}^2\right)}{N},$

$$N = 6\left(1 + \frac{9}{16}\,\psi_n{}^2\right) + 32\,\chi^2\left(1 - \frac{9}{16}\,\psi_n{}^2\right)^2,$$

und nach Gleichung (43) S. 24,

$$'G = \frac{1}{24\,\chi\,\psi_n} \cdot \frac{2 + \pi\left(1 + \dfrac{4}{9\,\psi_n}\right)}{T - \left(\dfrac{2}{3\,\psi_n} - \dfrac{1}{2}\right)} \, K_2 \, \frac{\gamma}{\sigma} \, g\,l^2 \quad . \quad . \quad . \quad . \quad (47)$$

mit $\qquad K_2 = 1 + 5{,}333\,\chi^2;\quad T \text{ s. S. } 24.$

Tabelle 1.

$$\pi = 3{,}0. \quad \chi = 0{,}07.$$

ψ_n	$\varkappa =$	2,4	1,8	1,2	0,6	0	—0,3	—1,0
0,10	$'\mathfrak{G} =$	11,611	10,555	9,549	8,661	8,090	8,193	10,329
	$'G =$	0,747	0,833	0,937	1,070	1,223	1,281	1,335
	$\mathfrak{G} =$	12,359	11,389	10,486	9,731	9,313	9,474	11,664
0,15	$'\mathfrak{G} =$	7,741	7,037	6,366	5,774	5,393	5,462	6,870
	$'G =$	0,844	0,946	1,069	1,230	1,420	1,494	1,556
	$\mathfrak{G} =$	8,585	7,983	7,435	7,004	6,817	6,956	8,426
0,20	$'\mathfrak{G} =$	5,806	5,278	4,774	4,330	4,045	4,097	5,142
	$'G =$	0,942	1,060	1,205	1,396	1,626	1,718	1,779
	$\mathfrak{G} =$	6,748	6,337	5,980	5,726	5,671	5,815	6,921
0,25	$'\mathfrak{G} =$	4,645	4,222	3,820	3,464	3,236	3,277	4,101
	$'G =$	1,042	1,176	1,344	1,568	1,841	1,950	1,999
	$\mathfrak{G} =$	5,686	5,398	5,163	5,032	5,077	5,227	6,100
0,30	$'\mathfrak{G} =$	3,871	3,518	3,183	2,887	2,697	2,731	3,402
	$'G =$	1,143	1,294	1,486	1,745	2,059	2,190	2,210
	$\mathfrak{G} =$	5,013	4,813	4,668	4,631	4,755	4,921	5,612
0,35	$'\mathfrak{G} =$	3,318	3,016	2,728	2,474	2,311	2,341	2,901
	$'G =$	1,244	1,415	1,630	1,926	2,290	2,436	2,412
	$\mathfrak{G} =$	4,562	4,432	4,358	4,400	4,602	4,777	5,313

Tabelle II.

$\pi = 3{,}0. \quad \chi = 0{,}10.$

ψ_n	$\varkappa =$	2,4	1,8	1,2	0,6	0	— 0,3	— 1,0
0,10	$'\mathfrak{G} =$	8,335	7,578	6,855	6,217	5,806	5,878	7,470
	$^t G =$	0,531	0,592	0,666	0,760	0,868	0,908	0,941
	$\mathfrak{G} =$	8,865	8,170	7,521	6,977	6,674	6,786	8,411
0,15	$'\mathfrak{G} =$	5,557	5,052	4,570	4,145	3,871	3,919	4,971
	$^t G =$	0,599	0,671	0,760	0,874	1,007	1,060	1,099
	$\mathfrak{G} =$	6,156	5,723	5,330	5,018	4,878	4,979	6,070
0,20	$'\mathfrak{G} =$	4,168	3,789	3,428	3,108	2,903	2,939	3,717
	$^t G =$	0,669	0,752	0,857	0,993	1,154	1,217	1,258
	$\mathfrak{G} =$	4,857	4,541	4,285	4,101	4,057	4,156	4,975
0,25	$'\mathfrak{G} =$	3,334	3,031	2,742	2,487	2,323	2,351	2,964
	$^t G =$	0,740	0,835	0,955	1,113	1,307	1,382	1,412
	$\mathfrak{G} =$	4,074	3,866	3,697	3,600	3,630	3,734	4,376
0,30	$'\mathfrak{G} =$	2,778	2,526	2,285	2,072	1,935	1,960	2,490
	$^t G =$	0,812	0,919	1,056	1,239	1,465	1,552	1,564
	$\mathfrak{G} =$	3,590	3,445	3,341	3,311	3,400	3,512	4,054
0,35	$'\mathfrak{G} =$	2,381	2,165	1,959	1,776	1,659	1,680	2,100
	$^t G =$	0,884	1,004	1,159	1,367	1,630	1,725	1,709
	$\mathfrak{G} =$	3,266	3,169	3,117	3,144	3,289	3,405	3,809

Tabelle III.

$\pi = 3{,}0. \quad \chi = 0{,}15.$

ψ_n	$\varkappa =$	2,4	1,8	1,2	0,6	0	— 0,3	— 1,0
0,10	$'\mathfrak{G} =$	5,897	5,361	4,848	4,396	4,104	4,152	5,382
	$^t G =$	0,366	0,408	0,459	0,523	0,597	0,625	0,641
	$\mathfrak{G} =$	6,263	5,769	5,307	4,920	4,701	4,777	6,023
0,15	$'\mathfrak{G} =$	3,931	3,574	3,232	2,931	2,736	2,768	3,582
	$^t G =$	0,413	0,463	0,523	0,602	0,693	0,729	0,750
	$\mathfrak{G} =$	4,344	4,036	3,755	3,532	3,429	3,498	4,332
0,20	$'\mathfrak{G} =$	2,949	2,680	2,424	2,198	2,052	2,076	2,679
	$^t G =$	0,461	0,519	0,590	0,683	0,794	0,837	0,856
	$\mathfrak{G} =$	3,410	3,199	3,014	2,871	2,846	2,913	3,535
0,25	$'\mathfrak{G} =$	2,359	2,144	1,939	1,759	1,642	1,661	2,136
	$^t G =$	0,510	0,576	0,658	0,767	0,899	0,949	0,963
	$\mathfrak{G} =$	2,869	2,720	2,597	2,526	2,540	2,610	3,099
0,30	$'\mathfrak{G} =$	1,966	1,787	1,616	1,465	1,368	1,384	1,773
	$^t G =$	0,560	0,634	0,728	0,853	1,007	1,066	1,068
	$\mathfrak{G} =$	2,525	2,421	2,344	2,319	2,375	2,450	2,841
0,35	$'\mathfrak{G} =$	1,685	1,532	1,385	1,256	1,173	1,186	1,512
	$^t G =$	0,609	0,693	0,788	0,941	1,107	1,186	1,171
	$\mathfrak{G} =$	2,294	2,224	2,183	2,197	2,279	2,373	2,683

Tabelle IV.

$\pi = 3{,}0. \quad \chi = 0{,}20.$

ψ_n	$\varkappa =$	2,4	1,8	1,2	0,6	0	— 0,3	— 1,0
0,10	$'\mathfrak{G} =$	4,781	4,345	3,929	3,562	3,323	3,361	4,446
	$^t G =$	0,287	0,321	0,360	0,411	0,469	0,489	0,496
	$\mathfrak{G} =$	5,068	4,666	4,289	3,973	3,792	3,850	4,942
0,15	$'\mathfrak{G} =$	3,187	2,897	2,619	2,375	2,216	2,241	2,958
	$^t G =$	0,325	0,364	0,411	0,473	0,544	0,571	0,578
	$\mathfrak{G} =$	3,512	3,260	3,031	2,847	2,760	2,811	3,536
0,20	$'\mathfrak{G} =$	2,390	2,173	1,965	1,781	1,662	1,681	2,214
	$^t G =$	0,352	0,408	0,463	0,537	0,623	0,655	0,662
	$\mathfrak{G} =$	2,743	2,580	2,428	2,318	2,284	2,335	2,876
0,25	$'\mathfrak{G} =$	1,912	1,738	1,572	1,425	1,329	1,345	1,764
	$^t G =$	0,401	0,452	0,517	0,602	0,705	0,741	0,746
	$\mathfrak{G} =$	2,313	2,190	2,089	2,027	2,034	2,086	2,510
0,30	$'\mathfrak{G} =$	1,594	1,448	1,310	1,187	1,108	1,120	1,467
	$^t G =$	0,440	0,498	0,572	0,670	0,790	0,834	0,830
	$\mathfrak{G} =$	2,033	1,947	1,882	1,857	1,897	1,954	2,297
0,35	$'\mathfrak{G} =$	1,366	1,241	1,123	1,018	0,950	0,960	1,251
	$^t G =$	0,479	0,544	0,627	0,739	0,875	0,927	0,912
	$\mathfrak{G} =$	1,845	1,786	1,750	1,756	1,825	1,887	2,163

Tabelle V.

$\pi = 2{,}0. \quad \chi = 0{,}07.$

ψ_n	$\varkappa =$	2,4	1,8	1,2	0,6	0	— 0,3	— 1,0
0,10	$'\mathfrak{G} =$	7,741	7,037	6,366	5,774	5,393	5,462	6,886
	$^t G =$	0,521	0,581	0,654	0,748	0,856	0,897	0,938
	$\mathfrak{G} =$	8,262	7,618	7,020	6,522	6,249	6,360	7,824
0,15	$'\mathfrak{G} =$	5,161	4,691	4,244	3,849	3,596	3,642	4,580
	$^t G =$	0,598	0,670	0,758	0,873	1,010	1,064	1,112
	$\mathfrak{G} =$	5,758	5,361	5,002	4,722	4,606	4,705	5,692
0,20	$'\mathfrak{G} =$	3,870	3,519	3,183	2,887	2,697	2,731	3,428
	$^t G =$	0,675	0,760	0,865	1,003	1,171	1,239	1,288
	$\mathfrak{G} =$	4,545	4,278	4,048	3,890	3,868	3,970	4,716
0,25	$'\mathfrak{G} =$	3,096	2,814	2,546	2,310	2,155	2,185	2,734
	$^t G =$	0,754	0,852	0,974	1,138	1,339	1,420	1,461
	$\mathfrak{G} =$	3,850	3,666	3,520	3,448	3,496	3,605	4,195
0,30	$'\mathfrak{G} =$	2,580	2,346	2,122	1,925	1,798	1,821	2,268
	$^t G =$	0,834	0,945	1,086	1,277	1,510	1,608	1,630
	$\mathfrak{G} =$	3,414	3,290	3,208	3,201	3,307	3,429	3,898
0,35	$'\mathfrak{G} =$	2,212	2,011	1,819	1,650	1,541	1,561	1,934
	$^t G =$	0,914	1,041	1,200	1,419	1,691	1,801	1,790
	$\mathfrak{G} =$	3,126	3,051	3,019	3,069	3,232	3,362	3,724

Tabelle VI.

$\pi = 2,0.$ $\chi = 0,10.$

ψ_n	$\varkappa =$	2,4	1,8	1,2	0,6	0	— 0,3	— 1,0
0,10	$'\mathfrak{G} =$	5,557	5,052	4,570	4,145	3,871	3,919	4,980
	$^t G =$	0,370	0,413	0,465	0,531	0,608	0,636	0,661
	$\mathfrak{G} =$	5,926	5,465	5,035	4,676	4,478	4,555	5,641
0,15	$'\mathfrak{G} =$	3,704	3,368	3,047	2,763	2,581	2,613	3,314
	$^t G =$	0,424	0,475	0,539	0,620	0,716	0,754	0,786
	$\mathfrak{G} =$	4,128	3,843	3,586	3,383	3,297	3,367	4,100
0,20	$'\mathfrak{G} =$	2,778	2,526	2,285	2,072	1,935	1,960	2,478
	$^t G =$	0,479	0,539	0,615	0,714	0,831	0,877	0,910
	$\mathfrak{G} =$	3,258	3,065	2,900	2,786	2,766	2,837	3,388
0,25	$'\mathfrak{G} =$	2,223	2,021	1,828	1,658	1,548	1,568	1,976
	$^t G =$	0,535	0,605	0,692	0,808	0,951	1,007	1,032
	$\mathfrak{G} =$	2,758	2,625	2,520	2,466	2,499	2,574	3,008
0,30	$'\mathfrak{G} =$	1,852	1,684	1,523	1,382	1,290	1,306	1,640
	$^t G =$	0,592	0,671	0,772	0,901	1,074	1,140	1,153
	$\mathfrak{G} =$	2,444	2,355	2,295	2,288	2,365	2,446	2,793
0,35	$'\mathfrak{G} =$	1,588	1,443	1,306	1,184	1,106	1,120	1,400
	$^t G =$	0,650	0,738	0,853	1,008	1,199	1,276	1,269
	$\mathfrak{G} =$	2,237	2,182	2,159	2,192	2,306	2,395	2,669

Tabelle VII.

$\pi = 2,0.$ $\chi = 0,15.$

ψ_n	$\varkappa =$	2,4	1,8	1,2	0,6	0	— 0,3	— 1,0
0,10	$'\mathfrak{G} =$	3,931	3,574	3,232	2,931	2,736	2,768	3,588
	$^t G =$	0,255	0,285	0,320	0,366	0,418	0,438	0,451
	$\mathfrak{G} =$	4,186	3,858	3,552	3,297	3,154	3,206	4,039
0,15	$'\mathfrak{G} =$	2,621	2,383	2,155	1,954	1,824	1,845	2,388
	$^t G =$	0,292	0,328	0,371	0,427	0,493	0,519	0,536
	$\mathfrak{G} =$	2,913	2,710	2,526	2,381	2,317	2,364	2,924
0,20	$'\mathfrak{G} =$	1,966	1,787	1,616	1,465	1,368	1,384	1,786
	$^t G =$	0,331	0,372	0,423	0,491	0,572	0,603	0,619
	$\mathfrak{G} =$	2,296	2,159	2,039	1,957	1,940	1,987	2,405
0,25	$'\mathfrak{G} =$	1,573	1,430	1,293	1,172	1,094	1,107	1,424
	$^t G =$	0,369	0,417	0,477	0,557	0,654	0,691	0,704
	$\mathfrak{G} =$	1,941	1,846	1,770	1,729	1,748	1,799	2,128
0,30	$'\mathfrak{G} =$	1,310	1,191	1,077	0,977	0,912	0,923	1,182
	$^t G =$	0,408	0,463	0,532	0,625	0,738	0,783	0,788
	$\mathfrak{G} =$	1,719	1,654	1,609	1,602	1,650	1,705	1,970
0,35	$'\mathfrak{G} =$	1,123	1,021	0,924	0,837	0,782	0,791	1,008
	$^t G =$	0,448	0,509	0,587	0,694	0,825	0,877	0,869
	$\mathfrak{G} =$	1,571	1,530	1,511	1,531	1,606	1,668	1,877

Tabelle VIII.
$\pi = 2{,}0. \quad \chi = 0{,}20.$

ψ_n	$\varkappa =$	2,4	1,8	1,2	0,6	0	— 0,3	— 1,0
0,10	$'\mathfrak{G} =$	3,187	2,897	2,619	2,375	2,216	2,241	2,964
	$^t G =$	0,200	0,224	0,251	0,288	0,328	0,343	0,348
	$\mathfrak{G} =$	3,388	3,120	2,871	2,662	2,544	2,583	3,312
0,15	$'\mathfrak{G} =$	2,125	1,931	1,746	1,583	1,477	1,494	1,972
	$^t G =$	0,230	0,258	0,292	0,336	0,387	0,406	0,413
	$\mathfrak{G} =$	2,355	2,189	2,038	1,919	1,864	1,900	2,385
0,20	$'\mathfrak{G} =$	1,594	1,448	1,310	1,187	1,108	1,120	1,476
	$^t G =$	0,260	0,292	0,333	0,386	0,448	0,472	0,479
	$\mathfrak{G} =$	1,853	1,741	1,642	1,573	1,556	1,592	1,955
0,25	$'\mathfrak{G} =$	1,275	1,159	1,048	0,950	0,886	0,896	1,176
	$^t G =$	0,290	0,327	0,375	0,437	0,513	0,540	0,546
	$\mathfrak{G} =$	1,565	1,486	1,423	1,387	1,399	1,436	1,722
0,30	$'\mathfrak{G} =$	1,062	0,966	0,873	0,792	0,739	0,747	0,978
	$^t G =$	0,321	0,364	0,418	0,491	0,579	0,612	0,612
	$\mathfrak{G} =$	1,383	1,319	1,291	1,282	1,318	1,359	1,590
0,35	$'\mathfrak{G} =$	0,911	0,828	0,748	0,678	0,633	0,640	0,834
	$^t G =$	0,352	0,400	0,462	0,545	0,646	0,685	0,677
	$\mathfrak{G} =$	1,262	1,228	1,210	1,223	1,279	1,325	1,511

Tabelle IX.
$\pi = 1{,}0. \quad \chi = 0{,}07.$

ψ_n	$\varkappa =$	2,4	1,8	1,2	0,6	0	— 0,3	— 1,0
0,10	$'\mathfrak{G} =$	3,870	3,518	3,183	2,887	2,697	2,731	3,443
	$^t G =$	0,295	0,329	0,371	0,426	0,489	0,514	0,542
	$\mathfrak{G} =$	4,165	3,848	3,554	3,313	3,186	3,245	3,985
0,15	$'\mathfrak{G} =$	2,580	2,346	2,122	1,925	1,798	1,821	2,290
	$^t G =$	0,351	0,394	0,447	0,516	0,600	0,633	0,668
	$\mathfrak{G} =$	2,931	2,740	2,569	2,441	2,396	2,454	2,958
0,20	$'\mathfrak{G} =$	1,935	1,759	1,592	1,443	1,348	1,366	1,714
	$^t G =$	0,408	0,460	0,525	0,611	0,716	0,759	0,796
	$\mathfrak{G} =$	2,343	2,219	2,116	2,054	2,064	2,125	2,510
0,25	$'\mathfrak{G} =$	1,548	1,407	1,273	1,155	1,079	1,092	1,367
	$^t G =$	0,466	0,527	0,604	0,708	0,837	0,890	0,924
	$\mathfrak{G} =$	2,014	1,934	1,878	1,863	1,915	1,982	2,291
0,30	$'\mathfrak{G} =$	1,290	1,173	1,061	0,962	0,899	0,910	1,134
	$^t G =$	0,524	0,596	0,686	0,809	0,961	1,026	1,049
	$\mathfrak{G} =$	1,815	1,768	1,747	1,771	1,860	1,937	2,183
0,35	$'\mathfrak{G} =$	1,106	1,005	0,909	0,825	0,770	0,781	0,967
	$^t G =$	0,584	0,666	0,769	0,913	1,092	1,166	1,169
	$\mathfrak{G} =$	1,690	1,671	1,679	1,738	1,863	1,947	2,136

Tabelle X.

$\pi = 1,0. \quad \chi = 0,10.$

ψ_n	$\varkappa =$	2,4	1,8	1,2	0,6	0	— 0,3	— 1,0
0,10	$'\mathfrak{G} =$	2,778	2,526	2,285	2,072	1,935	1,960	2,490
	$'G =$	0,209	0,234	0,264	0,302	0,347	0,365	0,382
	$\mathfrak{G} =$	2,988	2,760	2,549	2,375	2,283	2,324	2,872
0,15	$'\mathfrak{G} =$	1,852	1,684	1,523	1,382	1,290	1,306	1,657
	$'G =$	0,249	0,280	0,318	0,367	0,425	0,449	0,472
	$\mathfrak{G} =$	2,101	1,964	1,841	1,748	1,716	1,755	2,129
0,20	$'\mathfrak{G} =$	1,389	1,263	1,143	1,036	0,968	0,980	1,239
	$'G =$	0,289	0,326	0,373	0,434	0,508	0,538	0,563
	$\mathfrak{G} =$	1,679	1,589	1,516	1,470	1,475	1,517	1,802
0,25	$'\mathfrak{G} =$	1,111	1,010	0,914	0,829	0,774	0,784	0,988
	$'G =$	0,331	0,374	0,429	0,503	0,594	0,631	0,653
	$\mathfrak{G} =$	1,442	1,385	1,343	1,332	1,369	1,415	1,641
0,30	$'\mathfrak{G} =$	0,926	0,842	0,762	0,691	0,645	0,653	0,820
	$'G =$	0,372	0,423	0,488	0,575	0,684	0,727	0,742
	$\mathfrak{G} =$	1,299	1,265	1,249	1,265	1,329	1,381	1,562
0,35	$'\mathfrak{G} =$	0,794	0,722	0,653	0,592	0,553	0,560	0,700
	$'G =$	0,415	0,472	0,547	0,648	0,775	0,826	0,828
	$\mathfrak{G} =$	1,209	1,194	1,200	1,240	1,328	1,386	1,528

Tabelle XI.

$\pi = 1,0. \quad \chi = 0,15.$

ψ_n	$\varkappa =$	2,4	1,8	1,2	0,6	0	— 0,3	— 1,0
0,10	$'\mathfrak{G} =$	1,966	1,787	1,616	1,465	1,368	1,384	1,794
	$'G =$	0,144	0,161	0,182	0,208	0,239	0,251	0,260
	$\mathfrak{G} =$	2,110	1,948	1,798	1,674	1,607	1,635	2,054
0,15	$'\mathfrak{G} =$	1,310	1,191	1,077	0,977	0,912	0,923	1,194
	$'G =$	0,172	0,193	0,219	0,253	0,293	0,309	0,322
	$\mathfrak{G} =$	1,482	1,384	1,296	1,230	1,205	1,232	1,516
0,20	$'\mathfrak{G} =$	0,983	0,893	0,808	0,733	0,684	0,692	0,893
	$'G =$	0,200	0,225	0,257	0,299	0,349	0,370	0,383
	$\mathfrak{G} =$	1,182	1,118	1,065	1,032	1,033	1,062	1,276
0,25	$'\mathfrak{G} =$	0,786	0,715	0,646	0,586	0,547	0,554	0,712
	$'G =$	0,228	0,258	0,296	0,347	0,409	0,433	0,445
	$\mathfrak{G} =$	1,014	0,973	0,942	0,933	0,956	0,987	1,157
0,30	$'\mathfrak{G} =$	0,655	0,596	0,539	0,488	0,456	0,461	0,591
	$'G =$	0,257	0,293	0,336	0,396	0,470	0,499	0,507
	$\mathfrak{G} =$	0,912	0,888	0,875	0,884	0,926	0,961	1,098
0,35	$'\mathfrak{G} =$	0,562	0,511	0,462	0,419	0,391	0,396	0,504
	$'G =$	0,286	0,326	0,377	0,446	0,533	0,568	0,567
	$\mathfrak{G} =$	0,848	0,836	0,839	0,865	0,923	0,963	1,071

Tabelle XII.

$\pi = 1{,}0$. $\chi = 0{,}20$.

ψ_n	$\varkappa =$	2,4	1,8	1,2	0,6	0	— 0,3	— 1,0
0,10	$'\mathfrak{G} =$	1,594	1,448	1,310	1,187	1,108	1,120	1,482
	$^t G =$	0,113	0,127	0,143	0,164	0,188	0,196	0,201
	$\mathfrak{G} =$	1,707	1,575	1,453	1,351	1,295	1,317	1,683
0,15	$'\mathfrak{G} =$	1,062	0,966	0,873	0,792	0,739	0,747	0,986
	$^t G =$	0,135	0,152	0,172	0,199	0,230	0,242	0,248
	$\mathfrak{G} =$	1,197	1,117	1,045	0,990	0,968	0,989	1,234
0,20	$'\mathfrak{G} =$	0,797	0,724	0,655	0,594	0,554	0,560	0,738
	$^t G =$	0,157	0,177	0,202	0,235	0,274	0,289	0,296
	$\mathfrak{G} =$	0,954	0,901	0,857	0,828	0,828	0,849	1,034
0,25	$'\mathfrak{G} =$	0,638	0,579	0,524	0,475	0,443	0,448	0,588
	$^t G =$	0,179	0,203	0,233	0,272	0,320	0,338	0,345
	$\mathfrak{G} =$	0,817	0,782	0,756	0,747	0,764	0,786	0,933
0,30	$'\mathfrak{G} =$	0,531	0,483	0,437	0,396	0,369	0,373	0,489
	$^t G =$	0,202	0,228	0,264	0,311	0,368	0,391	0,394
	$\mathfrak{G} =$	0,733	0,711	0,701	0,707	0,738	0,764	0,883
0,35	$'\mathfrak{G} =$	0,455	0,414	0,374	0,339	0,316	0,320	0,417
	$^t G =$	0,225	0,256	0,296	0,350	0,418	0,444	0,442
	$\mathfrak{G} =$	0,680	0,670	0,670	0,690	0,734	0,764	0,859

Tabelle XIII.

$\pi = 0{,}5$. $\chi = 0{,}07$.

ψ_n	$\varkappa =$	2,4	1,8	1,2	0,6	0	— 0,3	— 1,0
0,10	$'\mathfrak{G} =$	1,935	1,759	1,592	1,443	1,348	1,366	1,722
	$^t G =$	0,182	0,203	0,230	0,265	0,306	0,322	0,344
	$\mathfrak{G} =$	2,117	1,962	1,822	1,708	1,654	1,688	2,066
0,15	$'\mathfrak{G} =$	1,290	1,173	1,061	0,962	0,899	0,910	1,145
	$^t G =$	0,227	0,256	0,291	0,338	0,395	0,418	0,446
	$\mathfrak{G} =$	1,518	1,429	1,352	1,300	1,294	1,328	1,591
0,20	$'\mathfrak{G} =$	0,968	0,880	0,796	0,722	0,674	0,683	0,857
	$^t G =$	0,274	0,310	0,355	0,414	0,488	0,519	0,551
	$\mathfrak{G} =$	1,241	1,189	1,150	1,136	1,162	1,202	1,408
0,25	$'\mathfrak{G} =$	0,774	0,704	0,637	0,577	0,539	0,546	0,684
	$^t G =$	0,321	0,365	0,419	0,493	0,586	0,625	0,655
	$\mathfrak{G} =$	1,096	1,068	1,056	1,071	1,125	1,171	1,339
0,30	$'\mathfrak{G} =$	0,645	0,586	0,531	0,481	0,449	0,455	0,567
	$^t G =$	0,370	0,421	0,486	0,575	0,686	0,735	0,759
	$\mathfrak{G} =$	1,015	1,007	1,017	1,056	1,136	1,190	1,326
0,35	$'\mathfrak{G} =$	0,553	0,503	0,455	0,412	0,385	0,390	0,484
	$^t G =$	0,419	0,479	0,544	0,660	0,793	0,849	0,858
	$\mathfrak{G} =$	0,972	0,981	1,009	1,072	1,178	1,239	1,342

Tabelle XIV.

$\pi = 0,5.\quad \chi = 0,10.$

ψ_n	$\varkappa =$	2,4	1,8	1,2	0,6	0	— 0,3	— 1,0
0,10	$'\mathfrak{G} =$	1,389	1,263	1,143	1,036	0,968	0,980	1,245
	$^t G =$	0,129	0,144	0,164	0,188	0,217	0,229	0,242
	$\mathfrak{G} =$	1,518	1,407	1,306	1,224	1,185	1,208	1,487
0,15	$'\mathfrak{G} =$	0,926	0,842	0,767	0,691	0,645	0,653	0,828
	$^t G =$	0,161	0,182	0,207	0,240	0,279	0,296	0,315
	$\mathfrak{G} =$	1,087	1,024	0,974	0,931	0,924	0,950	1,143
0,20	$'\mathfrak{G} =$	0,695	0,632	0,571	0,518	0,484	0,490	0,620
	$^t G =$	0,195	0,220	0,252	0,295	0,346	0,368	0,389
	$\mathfrak{G} =$	0,889	0,851	0,823	0,813	0,830	0,858	1,009
0,25	$'\mathfrak{G} =$	0,556	0,505	0,457	0,414	0,387	0,392	0,494
	$^t G =$	0,228	0,259	0,298	0,350	0,416	0,443	0,463
	$\mathfrak{G} =$	0,784	0,764	0,755	0,765	0,803	0,835	0,957
0,30	$'\mathfrak{G} =$	0,463	0,421	0,381	0,345	0,322	0,327	0,410
	$^t G =$	0,263	0,299	0,356	0,408	0,488	0,521	0,537
	$\mathfrak{G} =$	0,726	0,720	0,726	0,754	0,811	0,848	0,947
0,35	$'\mathfrak{G} =$	0,397	0,361	0,326	0,296	0,277	0,280	0,350
	$^t G =$	0,298	0,339	0,394	0,469	0,562	0,601	0,608
	$\mathfrak{G} =$	0,694	0,700	0,720	0,765	0,839	0,881	0,958

Tabelle XV.

$\pi = 0,5.\quad \chi = 0,15.$

ψ_n	$\varkappa =$	2,4	1,8	1,2	0,6	0	— 0,3	-- 1,0
0,10	$'\mathfrak{G} =$	0,983	0,893	0,808	0,733	0,684	0,692	0,897
	$^t G =$	0,089	0,100	0,113	0,130	0,149	0,157	0,165
	$\mathfrak{G} =$	1,072	0,993	0,921	0,862	0,833	0,849	1,062
0,15	$'\mathfrak{G} =$	0,655	0,596	0,539	0,488	0,456	0,461	0,597
	$^t G =$	0,111	0,125	0,143	0,165	0,193	0,204	0,215
	$\mathfrak{G} =$	0,766	0,721	0,681	0,654	0,649	0,665	0,812
0,20	$'\mathfrak{G} =$	0,491	0,447	0,404	0,366	0,342	0,346	0,447
	$^t G =$	0,134	0,152	0,174	0,203	0,238	0,253	0,265
	$\mathfrak{G} =$	0,626	0,598	0,578	0,569	0,580	0,599	0,712
0,25	$'\mathfrak{G} =$	0,393	0,357	0,323	0,293	0,274	0,277	0,356
	$^t G =$	0,157	·0,179	0,206	0,242	0,285	0,304	0,316
	$\mathfrak{G} =$	0,550	0,536	0,529	0,535	0,559	0,581	0,672
0,30	$'\mathfrak{G} =$	0,328	0,298	0,269	0,244	0,228	0,231	0,296
	$^t G =$	0,181	0,196	0,238	0,281	0,336	0,358	.0,367
	$\mathfrak{G} =$	0,509	0,494	0,507	0,526	0,564	0,588	0,663
0,35	$'\mathfrak{G} =$	0,281	0,255	0,231	0,209	0,195	0,198	0,252
	$^t G =$	0,205	0,234	0,271	0,322	0,387	0,413	0,416
	$\mathfrak{G} =$	0,486	0,489	0,502	0,532	0,582	0,611	0,668

Tabelle XVI.

$\pi = 0,5. \quad \chi = 0,20.$

ψ_n	$\varkappa =$	2,4	1,8	1,2	0,6	0	— 0,3	— 1,0
0,10	$'\mathfrak{G} =$	0,797	0,724	0,655	0,594	0,554	0,560	0,741
	$^t G =$	0,070	0,078	0,089	0,102	0,117	0,123	0,128
	$\mathfrak{G} =$	0,867	0,802	0,743	0,695	0,671	0,683	0,869
0,15	$'\mathfrak{G} =$	0,531	0,483	0,437	0,395	0,369	0,373	0,493
	$^t G =$	0,087	0,098	0,112	0,130	0,151	0,160	0,166
	$\mathfrak{G} =$	0,619	0,581	0,459	0,525	0,520	0,533	0,659
0,20	$'\mathfrak{G} =$	0,398	0,362	0,327	0,297	0,277	0,280	0,369
	$^t G =$	0,105	0,119	0,136	0,159	0,187	0,198	0,205
	$\mathfrak{G} =$	0,504	0,481	0,464	0,456	0,464	0,478	0,574
0,25	$'\mathfrak{G} =$	0,319	0,290	0,262	0,237	0,222	0,224	0,294
	$^t G =$	0,130	0,140	0,161	0,190	0,224	0,238	0,245
	$\mathfrak{G} =$	0,442	0,430	0,423	0,426	0,446	0,462	0,539
0,30	$'\mathfrak{G} =$	0,266	0,241	0,218	0,198	0,185	0,187	0,244
	$^t G =$	0,142	0,162	0,187	0,221	0,263	0,280	0,285
	$\mathfrak{G} =$	0,408	0,404	0,405	0,419	0,448	0,467	0,529
0,35	$'\mathfrak{G} =$	0,228	0,207	0,187	0,169	0,158	0,160	0,208
	$^t G =$	0,161	0,184	0,213	0,253	0,303	0,323	0,324
	$\mathfrak{G} =$	0,389	0,391	0,400	0,422	0,461	0,483	0,532

Tabelle XVII.

$\pi = 0,25. \quad \chi = 0,07.$

ψ_n	$\varkappa =$	2,4	1,8	1,2	0,6	0	— 0,3	— 1,0
0,10	$'\mathfrak{G} =$	0,968	0,880	0,796	0,722	0,674	0,683	0,861
	$^t G =$	0,125	0,140	0,159	0,184	0,213	0,227	0,245
	$\mathfrak{G} =$	1,093	1,020	0,955	0,906	0,888	0,909	1,106
0,15	$'\mathfrak{G} =$	0,645	0,586	0,531	0,481	0,449	0,455	0,572
	$^t G =$	0,166	0,187	0,213	0,249	0,292	0,310	0,335
	$\mathfrak{G} =$	0,811	0,773	0,744	0,730	0,741	0,766	0,907
0,20	$'\mathfrak{G} =$	0,484	0,440	0,400	0,361	0,337	0,341	0,429
	$^t G =$	0,207	0,235	0,269	0,316	0,374	0,399	0,428
	$\mathfrak{G} =$	0,691	0,674	0,667	0,677	0,711	0,741	0,857
0,25	$'\mathfrak{G} =$	0,387	0,352	0,318	0,289	0,270	0,273	0,342
	$^t G =$	0,249	0,284	0,327	0,386	0,460	0,492	0,521
	$\mathfrak{G} =$	0,636	0,635	0,645	0,675	0,730	0,765	0,863
0,30	$'\mathfrak{G} =$	0,323	0,293	0,265	0,241	0,225	0,228	0,284
	$^t G =$	0,292	0,333	0,386	0,458	0,549	0,590	0,613
	$\mathfrak{G} =$	0,615	0,627	0,651	0,699	0,774	0,817	0,897
0,35	$'\mathfrak{G} =$	0,276	0,251	0,227	0,206	0,193	0,195	0,242
	$^t G =$	0,336	0,385	0,447	0,533	0,643	0,690	0,703
	$\mathfrak{G} =$	0,612	0,636	0,674	0,739	0,836	0,885	0,945

Tabelle XVIII.

$\pi = 0,25. \quad \chi = 0,10.$

ψ_n	$x =$	2,4	1,8	1,2	0,6	0	— 0,3	— 1,0
0,10	$'\mathfrak{G} =$	0,695	0,632	0,571	0,518	0,484	0,489	0,623
	$'\mathfrak{G} =$	0,089	0,100	0,113	0,131	0,152	0,161	0,172
	$\mathfrak{G} =$	0,783	0,731	0,685	0,649	0,636	0,650	0,792
0,15	$'\mathfrak{G} =$	0,463	0,421	0,383	0,345	0,323	0,327	0,414
	$'\mathfrak{G} =$	0,118	0,133	0,152	0,177	0,207	0,220	0,237
	$\mathfrak{G} =$	0,581	0,554	0,535	0,522	0,529	0,547	0,651
0,20	$'\mathfrak{G} =$	0,347	0,316	0,286	0,259	0,242	0,245	0,310
	$'\mathfrak{G} =$	0,147	0,167	0,192	0,225	0,265	0,283	0,302
	$\mathfrak{G} =$	0,494	0,482	0,477	0,487	0,507	0,528	0,612
0,25	$'\mathfrak{G} =$	0,278	0,253	0,229	0,207	0,194	0,195	0,247
	$'\mathfrak{G} =$	0,177	0,201	0,232	0,274	0,327	0,349	0,368
	$\mathfrak{G} =$	0,455	0,454	0,461	0,481	0,521	0,544	0,615
0,30	$'\mathfrak{G} =$	0,232	0,211	0,190	0,173	0,161	0,163	0,205
	$'\mathfrak{G} =$	0,208	0,237	0,275	0,325	0,391	0,418	0,434
	$\mathfrak{G} =$	0,439	0,447	0,465	0,498	0,552	0,581	0,639
0,35	$'\mathfrak{G} =$	0,198	0,180	0,163	0,148	0,138	0,140	0,175
	$'\mathfrak{G} =$	0,239	0,273	0,318	0,379	0,456	0,489	0,498
	$\mathfrak{G} =$	0,437	0,453	0,481	0,527	0,595	0,629	0,673

Tabelle XIX.

$\pi = 0,25. \quad \chi = 0,15.$

ψ_n	$x =$	2,4	1,8	1,2	0,6	0	— 0,3	— 1,0
0,10	$'\mathfrak{G} =$	0,491	0,447	0,404	0,366	0,342	0,346	0,449
	$'\mathfrak{G} =$	0,061	0,069	0,078	0,090	0,105	0,111	0,117
	$\mathfrak{G} =$	0,553	0,515	0,482	0,456	0,447	0,457	0,566
0 15	$'\mathfrak{G} =$	0,328	0,298	0,269	0,244	0,228	0,231	0,298
	$'\mathfrak{G} =$	0,081	0,091	0,105	0,120	0,143	0,151	0,162
	$\mathfrak{G} =$	0,409	0,389	0,374	0,364	0,371	0,382	0,460
0,20	$'\mathfrak{G} =$	0,246	0,223	0,202	0,183	0,171	0,173	0,223
	$'\mathfrak{G} =$	0,102	0,115	0,132	0,155	0,183	0,195	0,206
	$\mathfrak{G} =$	0,347	0,338	0,334	0,338	0,354	0,368	0,429
0,25	$'\mathfrak{G} =$	0,197	0,179	0,162	0,147	0,137	0,138	0,178
	$'\mathfrak{G} =$	0,122	0,139	0,160	0,189	0,225	0,240	0,251
	$\mathfrak{G} =$	0,319	0,318	0,322	0,335	0,362	0,378	0,429
0,30	$'\mathfrak{G} =$	0,164	0,149	0,135	0,122	0,114	0,115	0,148
	$'\mathfrak{G} =$	0,143	0,163	0,189	0,224	0,268	0,287	0,297
	$\mathfrak{G} =$	0,307	0,312	0,324	0,346	0,382	0,402	0,445
0,35	$'\mathfrak{G} =$	0,140	0,128	0,115	0,105	0,098	0,099	0,126
	$'\mathfrak{G} =$	0,165	0,188	0,219	0,261	0,314	0,336	0,341
	$\mathfrak{G} =$	0,305	0,316	0,335	0,365	0,411	0,435	0,467

3*

Tabelle XX.

$\pi = 0{,}25. \quad \chi = 0{,}20.$

ψ_n	$x =$	2,4	1,8	1,2	0,6	0	— 0,3	— 1,0
0,10	$'\mathfrak{G} =$	0,398	0,362	0,327	0,297	0,274	0,280	0,370
	$^t G =$	0,048	0,054	0,061	0,072	0,082	0,086	0,091
	$\mathfrak{G} =$	0,447	0,416	0,389	0,369	0,359	0,367	0,461
0,15	$'\mathfrak{G} =$	0,266	0,241	0,218	0,198	0,185	0,187	0,247
	$^t G =$	0,064	0,072	0,082	0,096	0,112	0,119	0,124
	$\mathfrak{G} =$	0,329	0,313	0,300	0,293	0,296	0,305	0,371
0,20	$'\mathfrak{G} =$	0,199	0,181	0,164	0,148	0,139	0,140	0,185
	$^t G =$	0,080	0,090	0,104	0,121	0,143	0,152	0,159
	$\mathfrak{G} =$	0,279	0,271	0,267	0,270	0,282	0,292	0,344
0,25	$'\mathfrak{G} =$	0,159	0,145	0,131	0,119	0,111	0,112	0,147
	$^t G =$	0,096	0,109	0,126	0,148	0,176	0,187	0,195
	$\mathfrak{G} =$	0,255	0,254	0,257	0,267	0,287	0,299	0,342
0,30	$'\mathfrak{G} =$	0,133	0,121	0,109	0,099	0,092	0,093	0,122
	$^t G =$	0,113	0,128	0,149	0,176	0,211	0,224	0,230
	$\mathfrak{G} =$	0,245	0,249	0,258	0,275	0,303	0,318	0,352
0,35	$'\mathfrak{G} =$	0,114	0,103	0,094	0,085	0,079	0,080	0,104
	$^t G =$	0,129	0,148	0,172	0,205	0,246	0,263	0,266
	$\mathfrak{G} =$	0,243	0,251	0,267	0,289	0,325	0,343	0,370

Aus den Tabellen I—XX und den zugehörigen Tafeln kann sofort das wichtige Ergebnis abgelesen werden, daß der **Sichelbogen in keinem Fall** die in bezug auf den Baustoffverbrauch **günstigste Form darstellt.**

Es ist diese günstigste Form bei verhältnismäßig schlanken Bogen, also bei kleinem ψ_n, ziemlich genau die mit parallelen Bogengurten unabhängig vom Verhältnis π der Verkehrslast zur ständigen Last. Für wachsende ψ_n werden stärker divergierende Bogen — also solche mit größerem x — die günstigsten. Hierbei tritt dann auch eine Abhängigkeit von π in Erscheinung, indem nämlich für ein großes π, also eine im Verhältnis zum Eigengewicht große Verkehrslast, die günstigste Form nicht so sehr vom parallelgurtigen Bogen abweicht, während für kleine Verkehrslast (kleines π) Bogen mit sehr stark divergierenden Gurten am wirtschaftlichsten werden.

Für verschiedene Pfeilverhältnisse $\dfrac{f}{l} = \chi$ sind die Schaulinien mit denselben π und ψ_n einander fast vollkommen ähnlich und die einander entsprechenden Werte ziemlich genau proportional $z = \dfrac{1 + 4\,\chi^2}{\chi}$. Es ist dies der Mittelwert aus einem bei allen abgeleiteten Gewichtsformeln vorkommenden Multiplikator unter Weglassung der wenig einflußreichen Glieder. Hat man also einen Bogen, dessen Pfeilverhältnis nicht einen der aufgeführten Werte hat, so genügt es vollkommen, wenn man die günstigste Form für das nächstgroße χ unter sonst gleichen Bedingungen aufsucht.

Falls ein Gewichtsunterschied für verschiedene Gurtlinienformen gesucht wird, kann er ebenfalls ohne Interpolation einer neuen Kurve ermittelt werden, indem man den Unterschied für das nächstverwandte χ berechnet und mit dem Verhältnis der Werte z multipliziert.

Es ist nun noch die Frage zu beantworten, welche Gurtlinienführung bei beliebigem Gurtabstand die günstigste ist, falls nämlich ästhetische Rücksichten nicht eine bestimmte, zierliche oder wuchtige Form bedingen.

Am besten ist dies aus den Tafeln zu ersehen, bei welchen für bestimmte Verhältnisse χ und π alle Schaulinien in je einer Figur aufgetragen sind. Verbindet man dort die Punkte, die den Gewichtsminima für die einzelnen ψ_n entsprechen, so erhält man eine Kurve der günstigsten Gewichte.

Man erkennt leicht, daß diese Kurve in allen Figuren bei größeren $\varkappa$ sich einer horizontalen Asymptote nähert, daß also im endlichen Raum nirgends ein absolutes Minimum auftritt.

Wegen der kleinen Gewichtsunterschiede bei Punkten nahe diesen Asymptoten kann hierbei der im übrigen geringe, daher bisher vernachlässigte Einfluß des Gewichts der Füllungsglieder von einiger Bedeutung werden. Die hierfür ausgerechneten theoretischen Gewichte geben jedoch keine befriedigenden Ergebnisse. Vergleicht man die von Trauer a. a. O. S. 41 und 45 berechneten theoretischen Gewichte, so sieht man, daß sie für verschiedene Gurthöhen nur sehr wenig schwanken, dabei aber die Gewichte aus Verkehrslast für größer werdende Gurthöhen sogar kleiner werden. Mit Rücksicht auf Knicksicherheit und etwa vorkommende minimale Stabprofile, die trotz kleiner werdender Kräfte nicht unterschritten werden dürfen, wächst aber das Gewicht mit der Gurthöhe, um so mehr, wenn man hierzu auch das bisher ebenfalls vernachlässigte Gewicht der Queraussteifungen zählt. Unter dem Einfluß dieser Gewichte tritt das Minimum in der besprochenen Kurve der günstigsten Gewichte in die Endlichkeit zurück. Da der Einfluß aber gering ist und, wie gesagt, die Gurtgewichtsunterschiede auch für größere $\varkappa$, welche noch in den Figuren auftreten, klein sind, so kann man unbedenklich in praktischen Fällen **eine Form als günstigste annehmen, bei welcher $\varkappa$ zwischen 2 und 3 liegt**, d. h. bei welcher **die Gurthöhe im Kämpfer drei- bis viermal so groß ist als im Scheitel.** Das hierzu gehörige Verhältnis ψ_n kann ebenfalls, ohne ein bedeutendes Mehrgewicht zu ergeben, innerhalb gewisser Grenzen beliebig gewählt werden, da sich die Schaulinien für verschiedene Werte ψ_n in der Nähe des gesuchten günstigsten Wertes nahe zusammendrängen.

Bei Betrachtung der Schaulinien für kleine π fällt die eigentümliche Form der für größere ψ_n gültigen Kurven auf. Diese behalten nämlich die sonst gegen $\varkappa = -1$ stark steigende Tendenz nicht bei, sondern enthalten zwischen $\varkappa = -1$ und $\varkappa = 0$ einen Wendepunkt und krümmen sich gegen $\varkappa = -1$ zu leicht nach unten. Zeichnet man die Schaulinien für die Gewichte infolge Verkehrslast und Wärmeänderungen getrennt auf, so erkennt man, daß das beschriebene Verhalten der Kurven nur von den Wärmekräften herrührt. Der Horizontalschub hierfür ist nämlich bei Sichelbogen verhältnismäßig gering und zwar, wie aus den früher verwendeten Formeln für ^tH (s. [II] S. 210) unter Vernachlässigung der weniger einflußreichen Glieder leicht abzuleiten ist, nur etwa halb so groß, wie beim parallelgurtigen Bogen unter sonst gleichen Verhältnissen. Es werden zwar trotzdem die Gewichte aus Wärmekräften in allen Fällen bei Sichelbogen größer als bei solchen mit parallelen Gurten, doch erkennt man, daß der größere Baustoffverbrauch bei Sichelbogen nicht, wie vielfach angenommen, von den Wärmekräften, sondern hauptsächlich von den durch Lasten hervorgerufenen Stabkräften herrührt.

Beispiel 1.

Um ein Beispiel für die Größe der Gewichtsunterschiede bei verschiedenen Gurtlinienformen zu geben, sollen für die Mittelöffnung der mit den drei ersten Preisen ausgezeichneten Entwürfe bei dem Wettbewerb für eine feste Straßenbrücke über den Rhein bei Worms [XII] die Gewichte ermittelt und verglichen werden. Für die Spannweiten, Pfeilverhältnisse und ständigen Lasten werden Mittelwerte eingesetzt und zwar $l = 106,5$ m; $\chi = 0,1$; $g = 8,4$ t/m. Die Verkehrslast auf der 10,5 m breiten Fahrbahn mit einem Stoßkoeffizienten von 1,2 ist $p = 5,04$ t/m; damit $\pi = 0,6$. Für diese Verhältnisse und eine zulässige Beanspruchung von $\sigma = 10000$ t/qm erhält man aus den Tafeln eine günstigste Form etwa für $\psi_n = 0,3$, $\varkappa = 1,8$. Diese werde mit IV bezeichnet, die der drei genannten Entwürfe mit I bis III. Man erhält für

Form	I	II	III	IV	
$\psi_n =$	0,166	0,24	0,27	0,3	t
$\varkappa = -$	0,38	0,73	0,96	1,8	t
$\mathfrak{G} =$	1,08	0,90	0,85	0,83	t

$$\text{Multiplikator: } \frac{\gamma}{\sigma}\, g\, l^2 = \frac{7,85}{10000}\, 8,4 \cdot 106,5^2 = 74,8,$$

$\mathfrak{G} =$	81	67	63	62	t

Bei einem Hauptträgergewicht von durchschnittlich etwa 280 t ist die größte Gewichtsdifferenz zwischen I und IV noch nicht 7%, und die zwischen II und IV kleiner als 2%. Die Unterschiede sind so gering, da die Verkehrslast gegenüber dem Eigengewicht klein ist. Die drei letzten Formen können als ziemlich gleichwertig angesehen werden, und man erkennt, daß man bei Straßenbrücken ohne beträchtlichen Mehraufwand an Baustoff ziemlich weit von der günstigsten Form abweichen kann.

2. Einfluß einer anderen Wahl der zulässigen Beanspruchung.

Bisher wurde den Gewichtsermittlungen eine bestimmte zulässige Beanspruchung der Hauptträger zugrunde gelegt, und zwar war $\sigma = 10000$ t/qm angenommen.

Es entspricht dies einem häufig gewählten Wert, doch sind vielfach andere Zahlen der Berechnung zugrunde zu legen. Insbesondere für Eisenbahnbrücken sind nach vielen Vorschriften die zulässigen Beanspruchungen von der Stütz- bzw. Spannweite der Brücke abhängig. Bei Verfolgung der Entwicklung dieser Vorschriften erkennt man, daß die Annahme einer geringeren Beanspruchung bei kleineren Weiten seinen Grund in dem größeren Einfluß von Stößen und plötzlich auftretenden Lasten auf die Tragglieder hat. Richtiger, weil aus der Theorie direkt erhalten, wäre es daher, diese Einflüsse durch Einführung eines Stoßkoeffizienten zu berücksichtigen, wie es in Amerika und auch heute noch in Bayern üblich ist. Dies käme dann einfach einer Erhöhung der Nutzlast, also einer Erhöhung des Wertes π gleich, und die günstigste Form könnte aus einer einzigen, für das entsprechende σ ermittelten Kurvenserie gefunden werden.

Um jedoch den genannten Vorschriften gerecht zu werden, zu denen auch die bisher unserer Untersuchung zugrunde gelegte Vorschrift der preußischen Staatsbahnen gehört, und da eine andere Wahl der zulässigen Beanspruchung auch aus anderen Gründen (Forderung größerer Sicherheit, Wahl hochwertigen Baustoffes) getroffen werden kann, soll der Einfluß einer Änderung der zulässigen Beanspruchung ermittelt werden.

Außer in dem Multiplikator $\frac{\gamma}{\sigma}\, g\, l^2$, welcher natürlich für unsere Vergleiche nicht in Betracht kommt, erscheint σ nur im Nenner des Ausdrucks für das Gewicht ${}^tG$ aus Wärmeänderungen.

Für kleineres σ wächst also ${}^tG$ und damit werden die Kurven für $\mathfrak{G}$ denen für ${}^tG$ allein ähnlicher, d. h. die Abszisse $\varkappa$ für das Gewichtsminimum wird größer und ein Bogen mit mehr auseinanderlaufenden Gurten wird der günstigste. Man kommt also gerade zum umgekehrten Ergebnis, wie bei der Einführung von Stoßkoeffizienten und unveränderlicher zulässiger Belastung σ, denn bei einer Vergrößerung der Verkehrslast werden die $\mathfrak{G}$-Kurven den $'\mathfrak{G}$-Kurven ähnlicher, deren Minima bei mehr sichelförmigen Bogen auftreten. Praktisch sind die Unterschiede aber so gering, daß sie keinen Anlaß geben, die genannten Vorschriften deshalb zu beanstanden.

Die gewählte zulässige Beanspruchung sei σ_1; dann ändert sich in Gleichung (30) S. 19 das Glied T im Verhältnis $\frac{\sigma_1}{\sigma}$, wobei $\sigma = 10000$ t/qm ist. Es wird der Nenner in dem großen Bruch dieser Gleichung:

$$N_1 = N + T\,\frac{\sigma_1 - \sigma}{\sigma},$$

$$\frac{N_1}{N} = 1 + \frac{T}{N}\,\frac{\sigma_1 - \sigma}{\sigma} \quad \dots \dots \dots \quad (48)$$

und

$$'G_1 = {}'G\left(1 : \frac{N_1}{N}\right). \quad \dots \dots \dots \quad (49)$$

In der folgenden Tabelle XXI sind die Werte $\frac{N_1}{N}$ für Beanspruchungen $\sigma = 9500$, $\sigma = 10500$ und $\sigma = 15000$ t/qm ausgerechnet. Der letztere Wert entspricht etwa der zulässigen Beanspruchung für hochwertigen Baustoff (Nickelstahl, Kohlenstoffstahl usw.), für den bei verschiedenen Ausführungen um 50 bis 60% höhere Beanspruchungen zugelassen wurden als für Flußeisen.

Tabelle XXI.

Werte $\frac{N_1}{N}$.

σ	ψ_n	$\varkappa = 2{,}4$	1,8	1,2	0,6	0	Sichel -1
	0,1	0,949	0,948	0,948	0,947	0,946	0,946
9500	0,2	0,947	0,947	0,946	0,945	0,943	0,943
	0,3	0,946	0,945	0,944	0,942	0,940	0,940
	0,1	1,051	1,052	1,052	1,053	1,054	1,054
10500	0,2	1,053	1,053	1,054	1,055	1,057	1,057
	0,3	1,054	1,055	1,056	1,058	1,060	1,060
	0,1	1,514	1,518	1,523	1,528	1,536	1,535
15000	0,2	1,528	1,534	1,543	1,554	1,570	1,567
	0,3	1,540	1,550	1,563	1,580	1,601	1,596

Für verschiedene χ sind diese Werte zwar verschieden, doch nur in so geringem Maße, daß der Fehler 0,1% nicht übersteigt, wenn obige Mittelwerte verwandt werden. Die Kurven $\mathfrak{G}$ für verschiedene χ sind daher wie früher einander fast vollständig ähnlich und es genügt, wenn man für ein einziges χ die Gewichte ausrechnet, um die Wirkung einer Veränderung der zulässigen Beanspruchung zu erkennen.

Für $\chi = 0{,}1$ ist dies in Tabelle XXII erfolgt. Die zugehörigen Schaulinien s. Tafel 6.

Mit Hilfe der früher abgeleiteten Beziehung (S. 36), zwischen den Gewichten $\mathfrak{G}$ mit verschiedenen χ, kann aber auch die Größe der Werte $\mathfrak{G}$ und der etwa gesuchten Gewichtsunterschiede für andere χ annähernd bestimmt werden.

Tafel 6 zeigt, daß bei **Verwendung hochwertigen Baustoffes** Bogen mit **weniger stark auseinanderlaufenden Gurten günstig** werden und daß **parallelgurtige Bogen hierbei stets wirtschaftlich** sind.

Beispiel 2.

Die Sanagabrücke in Kamerun[1]) dürfte wohl die neueste weitgespannte Zweigelenkbogenbrücke ohne Zugband sein. Die beiden Hauptträger liegen über der Fahrbahn. Die Systemverhältnisse sind.

$$l = 159{,}6 \text{ m}, \quad f = 22{,}5 \text{ m}, \quad \chi = 0{,}141, \quad \psi_n \cong 0{,}3, \quad \varkappa \cong 1.$$

Das Eigengewicht beträgt $g = 6{,}2$ t/m, der Gleichwert für die Achslasten der Eisenbahn 4,5 t/m und die Menschenlast auf den Fußwegen 0,9 t/m, also $p = 5{,}4$ t/m, $\pi = 0{,}87$. Die zulässige Beanspruchung ist $\sigma = 10500$ t/qm.

Tabelle XXII.
Gewichte $\mathfrak{G}$ für verschiedene σ. $\chi = 0{,}1$.

σ	$\varkappa$		$\pi = 3{,}0$ $\psi_n=0{,}1$	$0{,}2$	$0{,}3$	$\pi = 1{,}0$ $\psi_n=0{,}1$	$0{,}2$	$0{,}3$	$\pi = 0{,}5$ $\psi_n=0{,}1$	$0{,}2$	$0{,}3$
		$'\mathfrak{G}$	8,335	4,168	2,778	2,778	1,389	0,926	1,389	0,695	0,463
	2,4	$'G$	0,560	0,707	0,863	0,220	0,305	0,394	0,136	0,205	0,278
		$\mathfrak{G}$	8,895	4,875	3,641	2,998	1,695	1,320	1,525	0,900	0,740
		$'\mathfrak{G}$	7,578	3,789	2,526	2,526	1,263	0,842	1,263	0,632	0,421
	1,8	$'G$	0,625	0,795	0,973	0,247	0,345	0,447	0,152	0,232	0,316
		$\mathfrak{G}$	8,202	4,584	3,499	2,773	1,608	1,289	1,415	0,864	0,737
		$'\mathfrak{G}$	6,855	3,428	2,285	2,285	1,143	0,762	1,143	0,571	0,381
9500 t/qm	1,2	$'G$	0,703	0,906	1,119	0,279	0,394	0,516	0,173	0,267	0,366
		$\mathfrak{G}$	7,558	4,334	3,403	2,564	1,537	1,278	1,315	0,838	0,747
		$'\mathfrak{G}$	6,217	3,108	2,072	2,072	1,036	0,691	1,036	0,518	0,345
	0,6	$'G$	0,803	1,051	1,315	0,320	0,460	0,610	0,199	0,312	0,434
		$\mathfrak{G}$	7,020	4,159	3,387	2,392	1,496	1,301	1,235	0,830	0,779
		$'\mathfrak{G}$	5,806	2,903	1,935	1,935	0,968	0,645	0,968	0,484	0,323
	0	$'G$	0,918	1,223	1,558	0,367	0,538	0,727	0,229	0,367	0,519
		$\mathfrak{G}$	6,724	4,126	3,494	2,302	1,506	1,372	1,197	0,851	0,842
		$'\mathfrak{G}$	7,470	3,717	2,460	2,490	1,239	0,820	1,245	0,620	0,410
	— 1	$'G$	0,995	1,334	1,664	0,404	0,597	0,789	0,256	0,412	0,571
		$\mathfrak{G}$	8,465	5,051	4,124	2,894	1,836	1,609	1,501	1,032	0,981

---

[1]) Die Unterlagen wurden von der Gutehoffnungshütte zur Verfügung gestellt. Siehe auch Eisenbau 1912, S. 300.

Tabelle XXII. (Fortsetzung.)

σ	$\varkappa$		$\pi = 3{,}0$			$\pi = 1{,}0$			$\pi = 0{,}5$		
			$\psi_n = 0{,}1$	$0{,}2$	$0{,}3$	$\psi_n = 0{,}1$	$0{,}2$	$0{,}3$	$\psi_n = 0{,}1$	$0{,}2$	$0{,}3$
	2,4	$'\mathfrak{G}$	8,335	4,168	2,778	2,778	1,389	0,926	1,389	0,693	0,463
		$^t\mathfrak{G}$	0,505	0,636	0,770	0,199	0,275	0,353	0,122	0,185	0,249
		$\mathfrak{G}$	8,840	4,803	3,548	2,977	1,664	1,279	1,511	0,879	0,712
	1,8	$'\mathfrak{G}$	7,578	3,707	2,526	2,526	1,263	0,842	1,263	0,632	0,421
		$^t\mathfrak{G}$	0,563	0,715	0,871	0,222	0,310	0,401	0,137	0,209	0,283
		$\mathfrak{G}$	8,140	4,503	3,397	2,748	1,573	1,243	1,400	0,840	0,704
	1,2	$'\mathfrak{G}$	6,855	3,428	2,285	2,285	1,143	0,762	1,143	0,571	0,381
		$^t\mathfrak{G}$	0,633	0,813	1,000	0,250	0,354	0,462	0,155	0,239	0,327
10 500 t/qm		$\mathfrak{G}$	7,488	4,240	3,285	2,535	1,497	1,224	1,297	0,810	0,708
	0,6	$'\mathfrak{G}$	6,217	3,108	2,072	2,072	1,036	0,691	1,036	0,518	0,345
		$^t\mathfrak{G}$	0,722	0,940	1,170	0,287	0,412	0,543	0,178	0,279	0,386
		$\mathfrak{G}$	6,939	4,049	3,242	2,359	1,447	1,234	1,214	0,797	0,731
	0	$'\mathfrak{G}$	5,806	2,903	1,935	1,935	0,968	0,645	0,968	0,484	0,323
		$^t\mathfrak{G}$	0,823	1,092	1,382	0,328	0,480	0,644	0,205	0,327	0,460
		$\mathfrak{G}$	6,629	3,995	3,317	2,264	1,447	1,289	1,173	0,811	0,783
	— 1	$'\mathfrak{G}$	7,470	3,717	2,460	2,490	1,239	0,820	1,245	0,620	0,410
		$^t\mathfrak{G}$	8,893	1,190	1,476	0,362	0,533	0,700	0,230	0,368	0,507
		$\mathfrak{G}$	8,363	4,709	3,936	2,852	1,772	1,520	1,475	0,988	0,917
	2,4	$'\mathfrak{G}$	8,335	4,168	2,778	2,778	1,389	0,926	1,389	0,693	0,463
		$^t\mathfrak{G}$	0,350	0,438	0,530	0,138	0,189	0,242	0,085	0,127	0,171
		$\mathfrak{G}$	8,685	4,606	3,308	2,916	1,578	1,168	1,474	0,822	0,634
	1,8	$'\mathfrak{G}$	7,578	3,707	2,526	2,526	1,263	0,842	1,263	0,632	0,421
		$^t\mathfrak{G}$	0,390	0,490	0,593	0,154	0,213	0,273	0,095	0,143	0,194
		$\mathfrak{G}$	7,968	4,279	3,119	2,680	1,476	1,115	1,358	0,775	0,615
	1,2	$'\mathfrak{G}$	6,855	3,428	2,285	2,285	1,143	0,762	1,143	0,571	0,381
		$^t\mathfrak{G}$	0,438	0,556	0,676	0,173	0,242	0,312	0,107	0,164	0,221
15 000 t/qm		$\mathfrak{G}$	7,293	3,984	2,961	2,458	1,385	1,074	1,250	0,735	0,602
	0,6	$'\mathfrak{G}$	6,217	3,108	2,072	2,072	1,036	0,691	1,036	0,518	0,345
		$^t\mathfrak{G}$	0,497	0,639	0,784	0,198	0,279	0,364	0,123	0,190	0,259
		$\mathfrak{G}$	6,714	3,747	2,856	2,270	1,315	1,055	1,159	0,708	0,604
	0	$'\mathfrak{G}$	5,806	2,903	1,935	1,935	0,968	0,645	0,968	0,484	0,323
		$^t\mathfrak{G}$	0,566	0,735	0,916	0,226	0,324	0,427	0,141	0,221	0,305
		$\mathfrak{G}$	6,372	3,638	2,851	2,161	1,292	1,072	1,109	0,705	0,628
	— 1	$'\mathfrak{G}$	7,470	3,717	2,460	2,490	1,239	0,820	1,245	0,620	0,410
		$^t\mathfrak{G}$	0,613	0,804	0,982	0,249	0,360	0,465	0,158	0,248	0,337
		$\mathfrak{G}$	8,083	4,521	3,442	2,739	1,599	1,285	1,403	0,868	0,747

Aus der Tabelle XXII (zum Vergleich auch Tabellen I—XX) erkennt man, daß die ausgeführte Form etwa mit der günstigsten übereinstimmt. Ein geringeres Hauptträgergewicht hätte sich zwar durch die Wahl eines größeren Pfeilverhältnisses wohl erzielen lassen, welches hier frei wählbar ist, da die Bogen über der

Fahrbahn angeordnet sind, doch hätte sich dann ein Mißverhältnis zwischen der Höhe und der ohnehin verhältnismäßig geringen Hauptträgerentfernung ergeben.

Man erhält durch Interpolation für $\pi = 0{,}87$ und mit $\frac{z}{z'} = 0{,}736$ für $\chi = 0{,}141$,

$$\mathfrak{G} = 1{,}087 \cdot 0{,}736 \, \frac{7{,}85}{10\,500} \cdot 6{,}2 \cdot 159{,}6^2 = 91{,}4 \text{ t.}$$

Entnimmt man das Gewicht aus den Kurven für $\sigma = 10\,000$ t/qm, so erhält man $\mathfrak{G}' = 96{,}5$ t. Für einen Sichelträger mit demselben ψ_n hätte sich ergeben

$$\mathfrak{G} = 118{,}8 \text{ t,}$$
$$\mathfrak{G}' = 121{,}8 \text{ t.}$$

Die Gewichtsunterschiede zwischen den beiden Formen sind mit einem Ausführungsfestwert $k = 1{,}75$, $\varDelta\mathfrak{G} = 43{,}2$ t bzw. $43{,}9$ t oder bei einem Hauptträgergewicht von $539{,}2$ t $8{,}00\%$ bzw. $8{,}15\%$.

Die beiden Werte weichen nicht sehr voneinander ab und, um ein Urteil über die günstigste Form und etwaige Gewichtsunterschiede zu erhalten, wird es daher genügen, bei nicht sehr von $\sigma = 10\,000$ t/qm verschiedenen Beanspruchungen die Werte $\mathfrak{G}$ aus den für diese Beanspruchung gerechneten Tabellen und Kurven zu entnehmen, nur muß natürlich im Multiplikator $\frac{\gamma}{\sigma} g\,l^2$ das genaue σ eingesetzt werden.

3. Anwendung der Ergebnisse auf Eisenbahnbrücken.

Bei Eisenbahnbrücken ist die Größe der anzunehmenden Verkehrslasten und die zulässige Beanspruchung durch Vorschriften festgelegt. Ferner kann das Fahrbahngewicht als unveränderlich angenommen werden, da bei großen Spannweiten, für welche Bogenbrücken überhaupt in Betracht kommen, von einer Durchführung der Bettung über die Brücke stets abgesehen wird.

Aus diesen Gründen ist eine eingehendere Behandlung möglich als für Straßenbrücken, bei welchen die genannten Werte innerhalb weiter Grenzen schwanken. Es sollen wieder die Vorschriften für das Entwerfen der Brücken mit eisernem Überbau auf den preußischen Staatsbahnen vom 1. 5. 1903 zugrunde gelegt werden. Hiernach beträgt die zulässige Beanspruchung der Hauptträger für Spannweiten:

$l = 20{-}40$ m	$40{-}80$ m	$80{-}120$ m	$120{-}160$ m	$160{-}200$ m
$\sigma = 9000$	9500	$10\,000$	$10\,500$	$11\,000$ t/qm

Statt dieser willkürlichen Abstufung ist es jedoch üblich geworden und empfohlen, mit zulässigen Beanspruchungen zu rechnen, die für verschiedene Stützweiten geradlinig zwischen den angeführten Werten eingeschaltet werden, so daß man zwischen $l = 40$ und $l = 200$ m setzen kann

$$\sigma = 8500 + 12{,}5 \, l.$$

Statt des Lastenzugs ist in unsere Berechnung eine gleichmäßig verteilte Verkehrslast einzuführen. Mehrtens bringt [XVI S. 107] für die nach den obigen Vorschriften zu berechnenden Brücken Formeln für diese Lastgleichwerte. Für Spannweiten $l = 40$ bis $l = 160$ m wird die Gleichung $p = 3{,}58 + \dfrac{108}{l}$ t/m aufgestellt, die jedoch erheblich zu kleine Werte liefert. Die Gleichwerte sollen daher unmittelbar gerechnet werden, und zwar sollen diejenigen Ersatzlasten eingeführt werden, die dieselben Maximalmomente M_{max} im einfachen Balkenträger von der Länge l — gleich der Spannweite des Bogens — erzeugen wie der Lastenzug. Die M_{max} können aus der Tabelle auf S. 10 der Vorschriften entnommen werden. Es ist

$$M_{max} = \frac{p\,l^2}{8}, \quad p = \frac{8}{l^2}\,M_{max},$$

$$l = 40 \quad 80 \quad 120 \quad 160 \quad 200 \text{ m,}$$
$$p = 7{,}08 \quad 5{,}85 \quad 5{,}10 \quad 4{,}72 \quad 4{,}52 \text{ t pro lfd. m Gleis.}$$

Um einen Ausdruck für das Eigengewicht g der Brücke auf den lfd. m zu erhalten, wird eine von Krohn für Bogenträger abgeleitete, in der Praxis bewährte Formel benützt. Sie findet sich in den Vorlesungen über Brückenbau an der Techn. Hochschule Danzig[1]) und lautet mit unseren Bezeichnungen

$$g = \frac{B \cdot \sigma + 10{,}65\,p\,l\left(\dfrac{1}{4\,\chi} + \dfrac{4}{3}\,\chi + \dfrac{\psi}{\chi}\,\dfrac{1}{10-8\,\psi}\right)}{\sigma - 6{,}86\,l\left(\dfrac{1}{4\,\chi} + \dfrac{4}{3}\,\chi + \dfrac{4}{3}\,\dfrac{\psi}{\chi}\,\dfrac{1}{10-8\,\psi}\right)} \quad \dots \quad (50)$$

Hierin bedeutet B das Gewicht der Fahrbahn für 1 lfd. m. Das Gewicht der Verbände und Fahrbahnstützen ist durch den Ausführungsbeiwert berücksichtigt ($k = 1{,}75$), welcher in obiger Formel schon enthalten ist. Da es sich für uns nur um einen Näherungswert für g handelt, so wird ψ, welches nur in einem unbedeutenden Glied auftritt, durch den Mittelwert $\psi = 0{,}2$ ersetzt.

Nach Dircksen [X S. 38] kann man für B annehmen

Fahrbahntafel mit Leitschienen . . . . . ca. 0,8 t
Fahrbahnkonstruktion . . . . ca. 0,7 t
$\overline{\qquad\qquad\qquad\qquad\qquad\quad B = 1{,}5 \text{ t/m.}}$

Es wird dann in t pro lfd. m Gleis

$$g = \frac{1{,}5\,\sigma + 10{,}65\,p\,l\left(0{,}274\,\dfrac{1}{\chi} + 1{,}33\,\chi\right)}{\sigma - 6{,}86\,l\left(0{,}282\,\dfrac{1}{\chi} + 1{,}33\,\chi\right)} \quad \dots \quad (51)$$

Für verschiedene Spannweiten und Pfeilverhältnisse ergibt dies mit den dazugehörigen p und σ Werte g und π, die in der Tabelle XXIII zusammengestellt sind.

Tabelle XXIII
der Werte g und π für Eisenbahnbrücken.

χ	$l = 40$		80		120		160		200 m	
	g	π	g	π	g	π	g	π	g	π
0,07	3,24	2,19	4,74	1,24	6,24	0,82	8,04	0,59	10,30	0,44
0,1	2,70	2,62	3,62	1,62	4,95	1,15	5,35	0,88	6,36	0,71
0,15	2,32	3,06	2,92	1,99	3,41	1,50	3,90	1,22	4,43	1,02
0,2	2,16	3,49	2,62	2,23	2,98	1,71	3,34	1,42	3,72	1,22

[1]) Eine ähnliche Formel ist enthalten in Krohn [VIII], S. 101.

Mit diesen Werten π und den entsprechenden σ kann man die den Spannweiten l und Pfeilverhältnissen χ entsprechenden Gewichte $\mathfrak{G}$ für verschiedene ψ_n und $\varkappa$ ausrechnen und die zugehörigen Kurvenscharen aufzeichnen.

Es würde zu weit führen, für alle diese Fälle eine Berechnung durchzuführen, die außerdem ihren Wert verliert, sobald die zugrunde gelegten Vorschriften geändert werden.

Mit Rücksicht auf das am Schluß des Beispiels 2 S. 42 Gesagte genügt es, die für $\sigma = 10000$ t/qm berechneten Gewichtswerte den Vergleichen zugrunde zu legen. Dabei können für verschiedene π, welche Größe nur in der 1. Potenz in den Gewichtsausdrücken erscheint, zwischenliegende Werte geradlinig eingeschaltet werden, während die Interpolation für χ nach S. 36 erfolgen kann.

Beispiel 3.

Für eine Eisenbahnbrücke von 80 m Spannweite und 6,4 m Pfeil, das ist $\chi = 0,08$, die nach den preußischen Vorschriften zu entwerfen ist, sei die günstigste Bogenform zu ermitteln. Für $l = 80$ m ist $\sigma = 9500$ t/qm und $\pi = 1,37$. Aus den Kurven für $\chi = 0,07$, $\chi = 0,01$ bei $\pi = 1$ und $\pi = 2$ erkennt man, daß ein großes ψ_n günstig wird. Wählt man $\psi_n = 0,35$, so erhält man für $\mathfrak{G}_{\min}$ im Mittel die Abszisse $\varkappa = 1,6$. Für $\chi = 0,07$ und $\pi = 1,37$ erhält man durch Interpolation zwischen den entsprechenden Werten für $\pi = 1$ und $\pi = 2$

$$\mathfrak{G}' = 2,17 \frac{\gamma}{\sigma} g\, l^2 \quad \text{und} \quad z' = \frac{1 + 4 \cdot 0,07^2}{0,07} = 14,58.$$

Für $\chi = 0,08$ wird $z = 12,82$ und damit

$$\mathfrak{G} = \mathfrak{G}' \frac{z}{z'} = 2,17 \cdot \frac{12,82}{14,58} = 1,91 \frac{\gamma}{\sigma} g\, l^2.$$

Mit $\gamma = 7,85$ t/cbm und $g = 4,37$ aus Tabelle XXIII wird

$$\mathfrak{G} = 44,1 \text{ t}.$$

Hätte man einen schlanken Sichelbogen mit demselben Pfeil und einer Scheitelgurthöhe $h_m = 1,92$ m, d. i. $\psi_n = 0,2$ gewählt, so hätte man erhalten

$$\mathfrak{G} = 69,0 \text{ t}.$$

Die Gewichtsersparnis beträgt dann bei einem Ausführungsbeiwert

$$k = 1,75,$$
$$\varDelta \mathfrak{G} = 24,9 \cdot 1,75 = 43,5 \text{ t}.$$

Das Gesamteisengewicht (ohne Fahrbahntafel) ist näherungsweise

$$\mathfrak{G} = (g - 0,8) \cdot l = 285 \text{ t}.$$

Damit wird die Ersparnis

$$\frac{\varDelta \mathfrak{G}}{\mathfrak{G}} = 15,2\%.$$

Für andere Pfeilverhältnisse $\chi = 0,07$ bis $0,20$ und andere Spannweiten $l = 80$ bis 200 m ergeben sich für die günstigste Form Mindergewichte gegenüber den entsprechenden Sichelträgern (mit $\psi_n = 0,2$ wie oben), die alle 10 bis 15% des Gesamteisengewichts der Brücke betragen. Eine ungeschickte Wahl der Bogenform kann also einen recht beträchtlichen Mehraufwand an Baustoff erfordern.

4. Einfluß einer Vergrößerung der Spannweite.

Ist ein Ausweichen der Kämpfer mit Bestimmtheit zu erwarten, so kann sein Einfluß durch Einführung eines künstlichen Horizontalschubs ausgeschaltet werden. Ist jedoch mit starren und möglicherweise verschieblichen Widerlagern zu rechnen, so erhält man ähnliche Zusatzspannungen wie bei Wärmeänderungen. Die Vergrößerung der Spannweite um Δl wirkt wie eine Wärmeerniedrigung. Führt man jedoch einen künstlichen Horizontalschub derart ein, daß der spannungslose Zustand bei einer Verschiebung der Widerlager um $\frac{\Delta l}{2}$ eintritt, so kann das Ausweichen der Widerlager durch eine Vergrößerung des Wärmeunterschieds $\pm t^0$ berücksichtigt werden. Die Werte ${}^t G$ sind dann im Verhältnis $1 : \left(1 + \frac{0,5\,\Delta l}{E \cdot a\,t \cdot l} \right)$ zu vergrößern. Es werden sich die ⑤-Kurven derart verschieben, daß sie den ${}^t G$-Kurven ähnlicher werden. **Bei zu erwartenden kleinen Spannweiteänderungen** werden die Minima, die der günstigsten Form entsprechen, also bei **Bogen mit noch stärker auseinanderlaufenden Gurten** auftreten. Es entspricht dies dem vielfach angewandten Grundsatz, in solchen Fällen Bogen mit geringer Scheitelgurthöhe anzuordnen.

Wenn man der Sache genau nachgehen will — was meist entbehrlich sein wird — so muß man, nachdem Δl ermittelt oder geschätzt ist, im einzelnen Fall aus dem genannten Verhältnis ${}^t G$, ⑤ und die zugehörigen Kurven ermitteln. Für unsere Vergleichsrechnung ist es gar nicht nötig, den erwähnten künstlichen Horizontalschub tatsächlich einzuführen, da ein solcher für verschiedene Gurtlinienformen unter sonst gleichen Verhältnissen nahezu dasselbe Mehrgewicht ergeben würde.

C. Andere Arten des Zweigelenkbogens.

I. Vollwandbogen.

Bei Vollwandbogen beteiligt sich neben den Gurtungen auch das Stehblech an der Aufnahme der Achskräfte und Momente. Der Anteil an den letzteren ist jedoch so gering, daß man näherungsweise bezüglich der Wirkung der Momente die Gurte allein als wirksam ansehen kann. Um die für Fachwerkbogen gefundenen Ergebnisse verwenden zu können, muß die Form des Bogens nach den Gurtschwerlinien oder genau genug nach den Umrißlinien des Stehblechs betrachtet werden.

Die Stehblechstärke ist für ein und denselben Bogen überall gleich. Das Stehblechgewicht (einschl. Versteifungen) wird daher für gleiche Stehblechflächen (d. h. für gleiche ψ_n) ebenfalls gleich bleiben, und man wird die für Fachwerkbogen mit konstantem ψ_n angestellten Betrachtungen übernehmen können.

Aber auch für verschiedene ψ_n behalten sie innerhalb gewisser Grenzen ihre Gültigkeit. Man braucht nämlich auch hier die Axialkräfte nicht zu berücksichtigen, denn es ist für das Baustoffgewicht gleichgültig, ob sie von den Gurten oder vom Stehblech aufgenommen werden; allerdings nur so lange, als der Querschnitt des Stehblechs nicht die für die Aufnahme der Axialkräfte erforderliche Größe überschreitet. Diese Grenze der vollen Ausnutzung des Stehblechs erhält man annähernd für eine gleichmäßig auf die ganze Länge verteilte Last von $g + \dfrac{p}{2}$, oder — **um** sicher zu gehen — für Eigengewicht allein. Es ist

$$^0H = \frac{g\,l^2}{8\,f} = \frac{g\,l}{8\,\chi}$$

und die Achskraft

$$N_x = \frac{g\,l^2}{8\,\chi}\,\frac{1}{\cos\varphi}\,,$$

daraus der erforderliche Querschnitt

$$F_{erf} = \frac{1}{\sigma}\,\frac{g\,l^2}{8\,\chi}\,\frac{1}{\cos\varphi}$$

und, da $F = h' \cdot \delta$, wenn δ die Stehblechstärke in m ist,

$$h' = \frac{1}{\sigma}\,\frac{g\,l}{8\,\chi\,\delta}\,\frac{1}{\cos\varphi}$$

oder die lotrecht gemessene Höhe

$$h = \frac{h'}{\cos\varphi} = \frac{g\,l}{\sigma\,8\,\chi\,\delta\,\cos^2\varphi} \quad \ldots \ldots \ldots \quad (52)$$

Bleibt man unter diesem Maß, welches man zweckmäßig für einen bestimmten vorliegenden Fall zunächst für Kämpfer und Scheitel berechnet, so können mit derselben Genauigkeit wie für Fachwerkbogen die früher gerechneten Tabellen und Tafeln zur Ermittlung der günstigsten Form verwendet werden. Die Versteifungen des Stehblechs wirken dabei ähnlich wie die Füllungsglieder bei Fachwerkbogen, indem ihr Gewicht mit den Gurthöhen wächst.

Beispiel 4.

Bei der König-Karls-Brücke über den Neckar bei Cannstatt sind vollwandige Bogen zur Ausführung gelangt. Öffnung II hat eine Spannweite $l = 48,0$ m und eine Pfeilhöhe $f = 4,505$ m. Die Stehblechhöhe beträgt im Scheitel $h_m = 0,795$, am Kämpfer lotrecht gemessen $h_0 = 0,962$ m. Die ständige Last ist $g = 2,04$ t/m, die Verkehrslast $p = 1,39$ t/m. Damit werden

$$\chi = 0,094, \quad \psi = 0,175, \quad \varkappa = 0,22, \quad \psi_n = 1,88, \quad \pi = 0,68.$$

Der Grenzwert

$$h = \frac{1}{\sigma}\,\frac{g\,l}{8\,\chi\,\delta\,\cos^2\varphi}$$

wird mit $\sigma = 9000$ t/qm und $\delta = 0,012$ m für den Scheitel,

$$h = \frac{1}{9000}\,\frac{2,04 \cdot 48}{8 \cdot 0,094 \cdot 0,012} = 1,21 \text{ m}$$

für den Kämpfer wird er noch größer, also jedenfalls größer als h_m und h_0, weshalb die Tabellen für Fachwerkbogen gültig sind. Aus diesen erhält man als günstigstes $\varkappa$ durch Interpolation $\varkappa = 0,32$. Berücksichtigt man, daß die Beanspruchung nicht $\sigma = 10000$ t/qm, sondern meist erheblich kleiner ist (durch den Ausführungszuschlag infolge unvorteilhafter Querschnittsbemessung, allerdings teilweise berücksichtigt), ferner daß die Wärmeschwankungen der meist von der Fahrbahn beschatteten Bogen weit geringer sind als bei Berechnung der Tabellen zugrunde gelegt wurde ($t = \pm 25^0$ C statt $t = \pm 35^0$ C), so muß die Übereinstimmung des oben errechneten günstigsten $\varkappa$ mit dem der ausgeführten Form als sehr gut bezeichnet werden.

II. Bogenträger mit Zugband.

Zweigelenkbogenbrücken mit Zugband werden in neuerer Zeit so häufig ausgeführt, daß es wünschenswert erscheint, auch für sie Betrachtungen über die wirtschaftlichste Bogenform anzustellen. Ihr Eisengewicht ist im allgemeinen größer als bei anderen Brückenformen — z. B. Balkenbrücken oder gar Gerberträgern — und es sind meist ästhetische Rücksichten, die zu seiner Wahl führen, was im folgenden beachtet werden muß.

Da die Bogenträger über die Fahrbahn hinausragen, so ist eine freie Wahl auch des Pfeilverhältnisses möglich. Diese Möglichkeit, ein günstigeres, d. h. größeres Pfeilverhältnis wählen zu können, bedeutet bei Bogenträgern mit Zugband einen noch größeren Vorteil bezüglich des Baustoffaufwands, als bei gewöhnlichen Zweigelenkbogen, da hier auch das Gewicht des Zugbands neben dem des Bogens selbst bei Verringerung des Horizontalschubs abnimmt. Welche Bedeutung dies haben kann, hat sich bei der Projektierung der Eisenbahnbrücke über den Rhein bei Hamm oberhalb Düsseldorf erwiesen. Ursprünglich sollte diese Brücke dieselben Abmessungen erhalten, wie die Eisenbahnbrücke über den Rhein zwischen Mainz und Wiesbaden. Ausgeführt wurde sie jedoch nach einem Entwurf der Gutehoffnungshütte, bei welchem durch eine Erhöhung der Pfeilhöhe von 19,75 m auf 23,0 m bei gleicher Spannweite ($l = 107,2$ m, also $\chi = 0,215$ statt $\chi = 0,184$) das Hauptträgergewicht um ca. 25% verringert werden konnte. Schaper weist [XV] durch Vergleich mit einer Balkenbrücke von nahezu derselben Spannweite nach, daß durch diese Maßnahme der Bogen mit Zugband gleich leicht wie ein Balkenträger gemacht werden kann.

Das theoretisch günstigste Pfeilverhältnis kann, für den einfachsten Fall einer unveränderlichen, auf die ganze Spannweite l gleichmäßig verteilten Last q (Eigengewicht plus Nutzlast), unter Vernachlässigung sämtlicher anderen Wirkungen (Windkräfte, Wärmeänderungen usw.) einfach ermittelt werden. Dabei wird angenommen, daß Zugband und Fahrbahn in Höhe der Kämpferverbindungslinie angeordnet sind. Die Verkürzung der Bogenachse durch Normalkräfte soll vernachlässigt werden, so daß die Stützlinie mit der Bogenachse zusammenfällt und der Horizontalschub

$$H = \frac{q\,l^2}{8\,f}$$

wird.

Die Achskraft an einer beliebigen Stelle mit der Abszisse χ und dem Neigungswinkel φ der Bogenachse wird dann

$$N_x = \frac{H}{\cos \varphi}$$

und das Gewicht des Bogens

$$G_b = \frac{2\,\gamma}{\sigma}\,k_1 \int_0^{0,5\,l} N_x\,ds = \frac{2\,\gamma}{\sigma}\,k_1 \int_0^{0,5\,l} \frac{H}{\cos^2 \varphi}\,dx$$

$$= \frac{2\,\gamma}{\sigma}\,k_1 H \int_0^{0,5\,l} \left[1 + 16\,\frac{f^2}{l^4}\,(l - 2\,x)^2\right] dx \quad \ldots \ldots \text{ (vgl. S. 8)}$$

$$= \frac{2\,\gamma}{\sigma}\,k_1 H \left(\frac{l}{2} + \frac{8}{3}\,\frac{f^2}{l}\right) = \frac{\gamma}{\sigma}\,\frac{q\,l^2}{8}\,k_1 \left(\frac{1}{\chi} + \frac{16}{3}\,\chi\right),$$

worin k_1 den Ausführungsbeiwert des Bogens bedeutet. Das Gewicht des Zugbands wird mit dem Beiwert k_2

$$G_z = \frac{\gamma}{\sigma} k_2 H \cdot l = \frac{\gamma}{\sigma} \frac{q\,l^2}{8} k_2 \frac{1}{\chi}.$$

Nimmt man an, daß die Hängestangen die ganze Last q zu tragen hätten, so wird für sie mit einem Ausführungsbeiwert k_3 und bei einer mittleren Länge der Hänger $= \frac{3}{4} f$

$$G_h = \frac{\gamma}{\sigma} k_3 \frac{2}{3} f q l = \frac{\gamma}{\sigma} \frac{q\,l^2}{8} \cdot \frac{16}{3} k_3 \cdot \chi.$$

Damit

$$G = \frac{\gamma}{\sigma} \frac{q\,l^2}{8} \left[\frac{1}{\chi} (k_1 + k_2) + \frac{16}{3} \chi\,(k_1 + k_3) \right].$$

Das Minimum tritt ein für $\qquad \dfrac{dG}{d\chi} = 0$

oder

$$0 = -\frac{1}{\chi} (k_1 + k_2) + \frac{16}{3} (k + k_3)$$

oder

$$\chi = 0{,}433 \sqrt{\frac{k_1 + k_2}{k_1 + k_3}} \quad \ldots \ldots \ldots \quad (53)$$

Nimmt man $k_2 = k_3$ an, so erhält man $\chi = 0{,}433$ als günstigstes Pfeilverhältnis.

Mit Rücksicht auf die mit der Höhe wachsenden Zusatzkräfte des leeseitigen Hauptträgers durch Winddruck und da die Gurtgewichte infolge lotrechter Lasten bei verschiedenen Pfeilverhältnissen annähernd für ds und nicht für dx konstant bleiben, wird dieser Wert etwas kleiner angenommen werden müssen. Aus ästhetischen Gründen wird man Pfeilverhältnisse $\chi = 0{,}25$ bis $0{,}28$ nicht überschreiten, wobei die Erwägung mitspricht, daß die Baustoffersparnisse in der Nähe des günstigsten Werts für χ immer geringer werden, anderseits aber die Gerüste- und Aufstellungskosten bei wachsendem Pfeil steigen.

Bei Ermittlung der günstigsten Gurtlinienform wird wieder angenommen, daß die Gelenke in Gurtmitte liegen.

Die früheren Betrachtungen erleiden insofern eine beträchtliche Änderung, als der Einfluß von Wärmeänderungen fast vollständig wegfällt, da eine gleichmäßige Wärmeänderung des Bogens mit Zugband keinen Horizontalschub, also auch keine Stabkräfte erzeugt. Dagegen werden bei ungleicher Erwärmung von Bogen und Zugband Wärmekräfte hervorgerufen.

Als größten Wärmeunterschied kann man bei unmittelbar von der Sonne bestrahltem Bogen und einem von der Fahrbahn beschatteten Zugband etwa $t' = 20°$ C annehmen. Hierbei dehnt sich der Bogen stärker aus als das Zugband, und es ergibt sich eine Vergrößerung des Horizontalschubs. Durch einen künstlichen Horizontalschub (vgl. das S. 45 Gesagte) kann erreicht werden, daß für einen Wärmeunterschied von $\frac{t'}{2} = 10°$ der »spannungslose Zustand« eintritt. Dann können die Wärmekräfte wie früher — jedoch mit $t_1 = \pm 10°$ — gerechnet werden. Sie werden also bedeutend geringer als damals und brauchen deshalb nur ganz roh ermittelt werden, um so mehr als auch die Schätzung des Wärmeunterschieds t' ziemlich willkürlich ist. Der Einfluß der elastischen Längenänderungen des Zugbands auf den Horizontalschub wird daher vernachlässigt, und es ergibt sich für den Bogen allein

$${}^t G_b = \frac{t_1}{t} {}^t G = \frac{10}{35} {}^t G.$$

Dazu kommt das Gewicht des Zugbands

$$^tG_z = \frac{\gamma}{\sigma}\,{}^tH_1 \cdot l = \frac{10}{35}\frac{\gamma}{\sigma}\,{}^tH \cdot l.$$

Auch hierfür braucht man die Zahlentafeln nicht vollkommen neu aus-zurechnen, da ^tH proportional ^tG ist und durch dieses ausgedrückt werden kann.

Nach S. 19 ist für Bogen mit parallelen und auseinanderlaufenden Gurten

$$^tG = \frac{4}{3}\frac{\gamma}{\sigma}\frac{l}{\psi}\,{}^tH\,K_2$$

oder mit ψ_n statt ψ

$$= \frac{4}{3}\frac{\gamma}{\sigma}\frac{l}{\psi_n}\,{}^tH\,K_2,$$

worin K_2 den auf S. 26 aufgestellten Wert hat. Für Sichelbogen erhält man aus den Gleichungen auf S. 24

$$^tG = 2\frac{\gamma}{\sigma}\frac{l}{\psi}\cdot{}^tH\,K_2$$

oder mit $\psi_n = \frac{2}{3}\psi$

$$^tG = \frac{4}{3}\frac{\gamma}{\sigma}\frac{l}{\psi_n}\cdot{}^tH\,K_2,$$

also in beiden Fällen denselben Ausdruck. Daraus

$$^tH = {}^tG\,\frac{3}{4}\frac{\sigma}{\gamma}\frac{\psi_n}{l}\frac{1}{K_2}$$

und

$$^tG_z = \frac{3}{4}\frac{\psi_n}{K_2}\frac{10}{35}\,{}^tG.$$

Damit für das ganze System

$$^tG_1 = \frac{10}{35}\left(1 + \frac{3}{4}\frac{\psi_n}{K_2}\right){}^tG \quad \ldots \ldots \ldots \quad (54)$$

Da nach S. 8 der Horizontalschub infolge von Lasten sich bei gleich blei-bendem Pfeilverhältnis und verschiedenen Gurtformen nicht wesentlich ändert, so kann von der Einführung des durch diesen Horizontalschub bedingten Ge-wichts der Zugstange abgesehen werden. Die Verminderung des Horizontal-schubs durch elastische Längenänderungen der Zugstange wirkt ähnlich wie die Verkürzung der Bogenachse durch Normalkräfte und kann daher wie diese (s. S. 15) vernachlässigt werden. Die Gewichte $'\mathfrak{G}$ können also unverändert aus den früheren Tabellen übernommen werden. Sie sind mit den $^tG_1$ und $\mathfrak{G}_1 = {}'\mathfrak{G} + {}^tG_1$ in der folgenden Tabelle XXIV für $\chi = 1$ und verschiedene π, ψ_n und $\varkappa$ zusammengestellt. Die Schaulinien für $\mathfrak{G}_1$ sind auf Tafel 7 aufgetragen.

Da auch hier für verschiedene Pfeilverhältnisse der Verlauf der Werte $\mathfrak{G}_1$ nahezu vollkommen ähnlich bleibt, erkennt man, daß für **Bogenträger mit Zugband fast stets eine von der parallelgurtigen nicht sehr verschiedene Form die günstigste** sein wird, ein Ergebnis, zu dem schon Strieboll in seiner 1905 erschienenen Dissertation [V] gekommen ist, in welcher aber nur die Gewichte von drei charakteristischen Formen verglichen sind, nämlich Sichelbogen, Bogen mit par-allelen Gurten und Bogen mit parabelförmigem Unter- und geradem Obergurt.

Nur für sehr weitgespannte Bogen, bei denen die bewegliche Last gegen-über den ständigen Lasten zurücktritt, wird bei Wahl eines größeren mittleren Gurtabstandes eine Form die günstigste, bei welcher die Gurthöhe nach den Kämpfern zu etwas wächst.

Vielfach wird ein System gewählt, bei dem die Gelenke, nicht wie hier vor-ausgesetzt, in der Bogenachse liegen, sondern im Zuge der unteren Gurtung, und die Zugstange die Gelenkpunkte oder die nächstliegenden Untergurtknoten verbindet. Hierfür gelten die gemachten Ableitungen nicht mehr genau, doch ist in diesem Fall meist der Gurtabstand im Kämpfer dadurch gegeben, daß der obere Windverband ohne Behinderung des Durchfahrtsprofils bis über die Kämpfer durchgeführt und dort ein Portal ausgebildet werden kann. Die Scheitelhöhe ist dann so zu wählen, daß sich ein das Auge befriedigendes Bild ergibt.

Allgemein läßt sich für den **Zweigelenkbogen mit Zugband** sagen, daß es **zweckmäßig ist, das größte aus ästhetischen Rücksichten mögliche Pfeilverhältnis und den größtmöglichen Gurtabstand** zu wählen. Sofern sich dann der Gurthöhenunterschied im Scheitel und Kämpfer nicht aus konstruktiven oder ebenfalls ästhetischen Gründen ergibt, ist er entsprechend dem $\mathfrak{G}_{\mathrm{min}}$ der Tabelle XXIV bzw. Tafel 7 zu wählen.

Tabelle XXIV

der Gewichte $'\mathfrak{G}$, $^t G_1$ und $\mathfrak{G}_1$ für Zweigelenkbogen mit Zugband.

			$\varkappa = 2{,}4$	1,8	1,2	0,6	0	— 1
$\psi_n = 0{,}1$	$\pi = 3$	$'\mathfrak{G}$	8,335	7,457	6,855	6,216	5,806	7,470
		$^t G_1$	0,159	0,178	0,201	0,231	0,266	0,288
		$\mathfrak{G}_1$	8,493	7,755	7,056	6,448	6,072	7,758
	2	$'\mathfrak{G}$	5,556	5,052	4,570	4,144	3,870	4,980
		$^t G_1$	0,110	0,124	0,140	0,161	0,180	0,202
		$\mathfrak{G}_1$	5,667	5,176	4,710	4,306	4,057	5,183
	1	$'\mathfrak{G}$	2,778	2,526	2,285	2,072	1,935	2,490
		$^t G_1$	0,062	0,070	0,079	0,092	0,106	0,117
		$\mathfrak{G}_1$	2,840	2,596	2,364	2,164	2,041	2,607
	0,5	$'\mathfrak{G}$	1,389	1,263	1,142	1,036	0,967	1,245
		$^t G_1$	0,035	0,042	0,050	0,057	0,066	0,074
		$\mathfrak{G}_1$	1,424	1,304	1,192	1,093	1,034	1,319
	0,25	$'\mathfrak{G}$	0,694	0,631	0,571	0,518	0,483	0,623
		$^t G_1$	0,026	0,030	0,034	0,040	0,046	0,052
		$\mathfrak{G}_1$	0,721	0,661	0,605	0,557	0,530	0,676
$\psi_n = 0{,}2$	$\pi = 3$	$'\mathfrak{G}$	4,167	3,789	3,427	3,108	2,903	3,717
		$^t G_1$	0,209	0,238	0,273	0,321	0,377	0,411
		$\mathfrak{G}_1$	4,376	4,026	3,701	3,429	3,280	4,128
	2	$'\mathfrak{G}$	2,778	2,526	2,285	2,072	1,935	2,478
		$^t G_1$	0,149	0,170	0,196	0,230	0,272	0,297
		$\mathfrak{G}_1$	2,928	2,696	2,481	2,302	2,207	2,775
	1	$'\mathfrak{G}$	1,389	1,263	1,142	1,036	0,967	1,239
		$^t G_1$	0,090	0,103	0,119	0,140	0,166	0,183
		$\mathfrak{G}_1$	1,479	1,366	1,261	1,176	1,133	1,423
	0,5	$'\mathfrak{G}$	0,695	0,631	0,571	0,518	0,483	0,620
		$^t G_1$	0,060	0,069	0,080	0,095	0,113	0,127
		$\mathfrak{G}_1$	0,755	0,700	0,651	0,613	0,597	0,747
	0,25	$'\mathfrak{G}$	0,347	0,315	0,285	0,259	0,241	0,310
		$^t G_1$	0,046	0,052	0,061	0,072	0,087	0,098
		$\mathfrak{G}_1$	0,393	0,368	0,346	0,331	0,328	0,409

Tabelle XXIV. (Fortsetzung.)

			$\varkappa = 2{,}4$	1,8	1,2	0,6	0	— 1
$\psi_n = 0{,}3$	$\pi = 3$	$'\mathfrak{G}$	2,778	2,526	2,284	2,072	1,935	2,490
		$'G_1$	0,265	0,303	0,354	0,424	0,510	0,543
		$\mathfrak{G}_1$	3,043	2,829	2,639	2,496	2,445	3,033
	2	$'\mathfrak{G}$	1,852	1,684	1,523	1,381	1,290	1,640
		$'G_1$	0,193	0,221	0,259	0,310	0,374	0,400
		$\mathfrak{G}_1$	2,045	1,905	1,782	1,691	1,664	2,040
	1	$'\mathfrak{G}$	0,926	0,842	0,761	0,690	0,645	0,820
		$'G_1$	0,121	0,139	0,163	0,196	0,238	0,257
		$\mathfrak{G}_1$	1,047	0,981	0,925	0,887	0,883	1,078
	0,5	$'\mathfrak{G}$	0,463	0,421	0,380	0,345	0,322	0,410
		$'G_1$	0,085	0,098	0,115	0,139	0,170	0,186
		$\mathfrak{G}_1$	0,548	0,519	0,496	0,485	0,492	0,596
	0,25	$'\mathfrak{G}$	0,231	0,210	0,190	0,172	0,161	0,205
		$'G_1$	0,067	0,078	0,092	0,111	0,136	0,150
		$\mathfrak{G}_1$	0,299	0,288	0,282	0,283	0,297	0,355

III. Massiver Zweigelenkbogen.

Zum Schlusse sollen noch einige Worte über den massiven Zweigelenkbogen gesagt werden, welcher im übrigen nicht in den Rahmen dieser Untersuchung paßt.

Man begegnet unter Ingenieuren, die sich mit derartigen Fragen beschäftigen, häufig der Ansicht, daß massive und Fachwerk- oder Vollwandbogen bezüglich der Formgebung unter einen Hut gebracht werden können, weshalb hier ausdrücklich auf den grundsätzlichen Unterschied zwischen den beiden hingewiesen werden muß.

Bei den letzteren kann bei beliebiger Gurtform immer eine bestimmte Maximalbeanspruchung in allen Querschnitten erhalten werden, während bei massiven Bogen mit rechteckigem oder wenig davon abweichendem Querschnitt die Beanspruchung nach einem ganz bestimmten Gesetz mit der Höhe des Querschnitts wächst, also bei der Formgebung eine unabhängig veränderliche Größe wegfällt.

Durch die Wahl verschiedener Gewölbebreiten, gegebenenfalls durch Auflösung des Bogens in Rippen, kann allerdings ein Einfluß auf das Verhältnis der Höhe des Querschnitts zum Widerstandsmoment geübt werden, doch ist diese Breite für verschiedene Querschnitte nicht jedesmal beliebig wählbar, sondern verläuft zwischen Kämpfer und Scheitel nach einem ganz bestimmten Gesetz.

Bei der äußerst seltenen Anwendung von massiven Zweigelenkbogen würde eine besondere Untersuchung dieser Frage zu weit führen. Eine allgemeine Behandlung findet sie in der Veröffentlichung: Engesser, Über weitgespannte Wölbbrücken. Zeitschr. des Hann. Ing.- u. Arch.-Vereins 1907, S. 403.

D. Zusammenfassung der Ergebnisse.

Der **Sichelbogen mit parabolischen Gurten** ist bezüglich des Materialaufwands **stets eine ungünstige Bogenform**. Wählt man trotzdem eine Sichelform, so empfiehlt es sich, die Gurthöhe vom Kämpfer aus möglichst rasch wachsen zu lassen, in der Nähe des Scheitels aber so klein wie möglich zu halten.

Die günstigste Form gegliederter Zweigelenkbogen mit annähernd parabelförmigen Gurten ist stets eine solche mit **nach den Kämpfern zu wachsender Gurthöhe**. Sie kann aus den Gewichtstabellen I bis X und Tafeln 1 bis 5 entnommen werden.

Die Wahl einer hiervon **abweichenden Bogenform ist ohne zu großen Nachteil innerhalb ziemlich weiter Grenzen** möglich.

Für **Vollwandbogen** mit nicht zu großer Stehblechhöhe gelten **dieselben Betrachtungen wie für gegliederte Bogen**.

Bei **Zweigelenkbogen mit Zugband** wird die Formgebung im allgemeinen mehr mit **Rücksicht auf ästhetische Gesichtspunkte** erfolgen. Es ist dabei **wirtschaftlich, eine große Pfeilhöhe** zu wählen und dem Bogen eine **von der parallelgurtigen nicht zu sehr abweichende Form** zu geben.

Literaturverzeichnis.

[I] v. Weyrauch, Elastische Bogenträger, Stuttgart 1911.

[II] Müller-Breslau, Die graphische Statik der Baukonstruktionen, II. Bd. 1. Abt., Stuttgart 1907.

[III] Engesser, Über den Einfluß von Wärmeänderungen auf Bogenträger mit zwei Gelenken, Zentralbl. d. Bauverwaltung 1907, S. 155.

[IV] Trauer, Der günstigste Gurtabstand, sowie die Gewichte gegliederter flusseiserner Zweigelenkbogen mit nahezu parallelen Gurtungen (Diss.), Dresden 1907.

[V] Strieboll, Materialverhältnisse bei Balkenträgern und Bogenträgern mit Zugband (Diss.), Breslau 1905.

[VI] Engesser, Entwicklung einer Formel für das Eigengewicht schmiedeeiserner Bogenbrücken, Zeitschr. f. Bauwesen 1877, S. 209.

[VII] — , Theorie und Berechnung der Bogenfachwerkträger ohne Scheitelgelenk, Berlin 1880.

[VIII] Krohn, Resultate aus der Theorie des Brückenbaues, Leipzig 1883.

[IX] Landsberg, Handbuch der Ingenieurwissenschaften, Konstruktion der eisernen Bogenbrücken, Leipzig 1906.

[X] Dircksen, Hilfswerte für das Entwerfen und die Berechnung von Brücken mit eisernem Überbau, Berlin 1905.

[XI] Jordan-Michel, Die künstlerische Gestaltung von Eisenkonstruktionen, Berlin 1913.

[XII] v. Willmann, Die Konkurrenz für Entwürfe zu einer festen Rheinbrücke bei Mainz, Deutsche Bauzeitung 1881, S. 258.

[XIII] Luck, Wettbewerb um den Entwurf einer festen Straßenbrücke über den Rhein bei Worms, Zeitschr. d. Ver. Deutsch. Ing. 1896, S. 333 ff.

[XIV] Hübner, Der Bietschtalviadukt der Lötschberg-Bahn, Schweiz. Bauz. 1913, S. 209.

[XV] Schaper, Eigengewichte von einfachen Balkenträgern und von Bogenträgern mit Zugband, Zentralbl. der Bauverwaltung 1912, S. 147.

[XVI] Mehrtens, Eisenbrückenbau, Leipzig 1908.

$$\sigma = 10\,000 \text{ t/qm.} \quad \pi = 3.$$

Maßstab für K: $1 = 10$ mm.
Maßstab für $\mathfrak{G}$: $1 = 9$ mm.

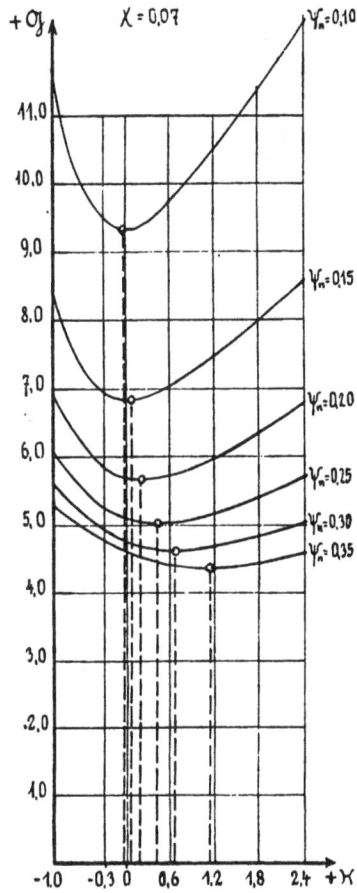

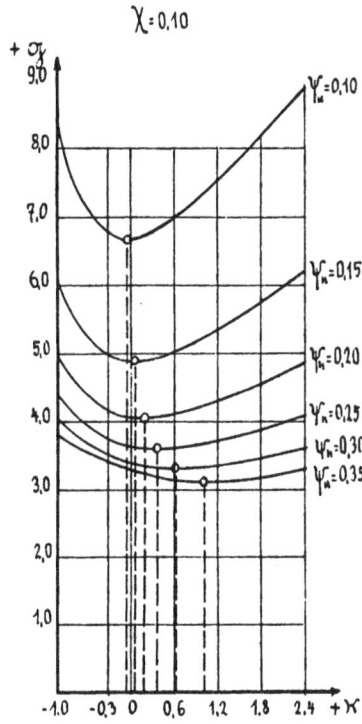

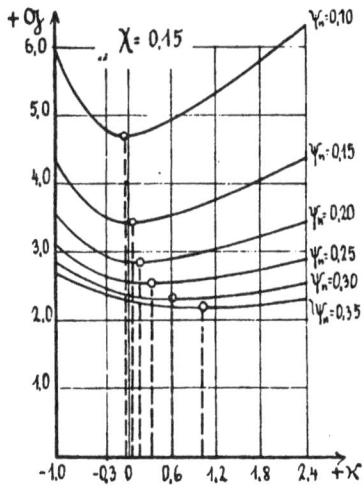

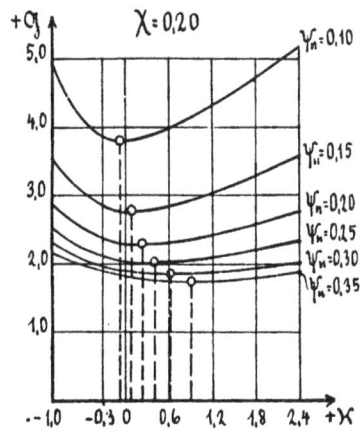

$$\sigma = 10\,000 \text{ t/qm.} \quad \pi = 2.$$

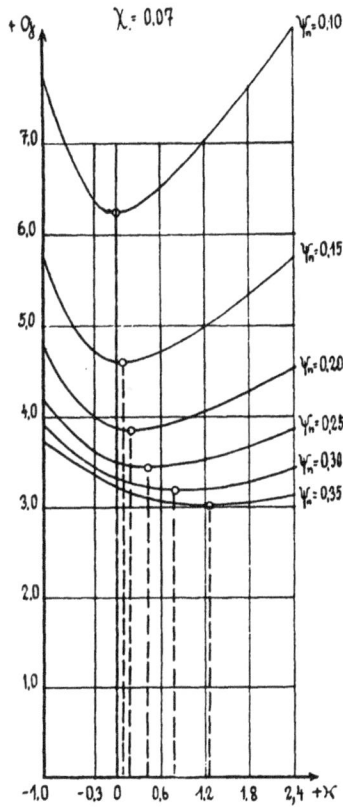

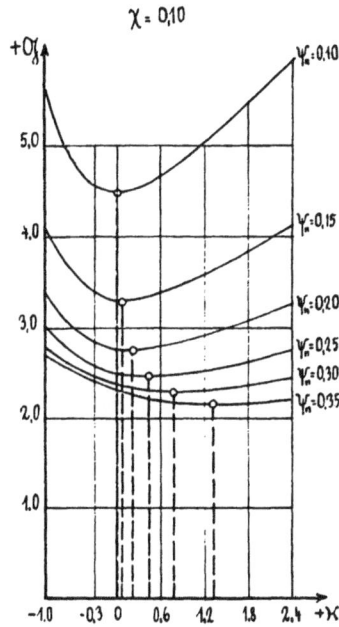

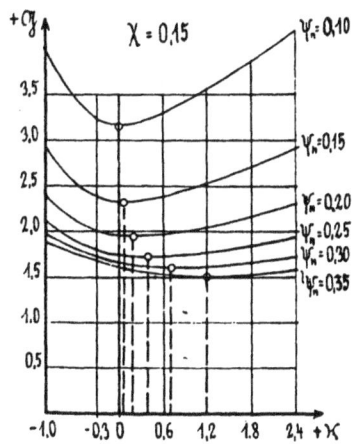

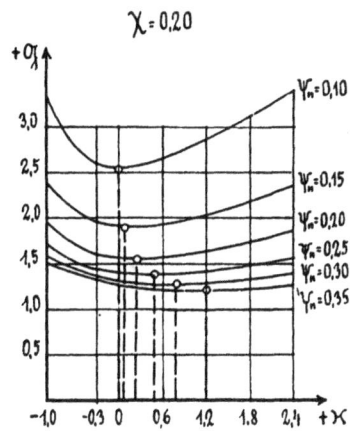

Maßstab für K: $1 = 10$ mm.
Maßstab für $\mathfrak{G}$: $1 = 12$ mm.

$$\sigma = 10\,000 \text{ t/qm.} \quad \pi = 1.$$

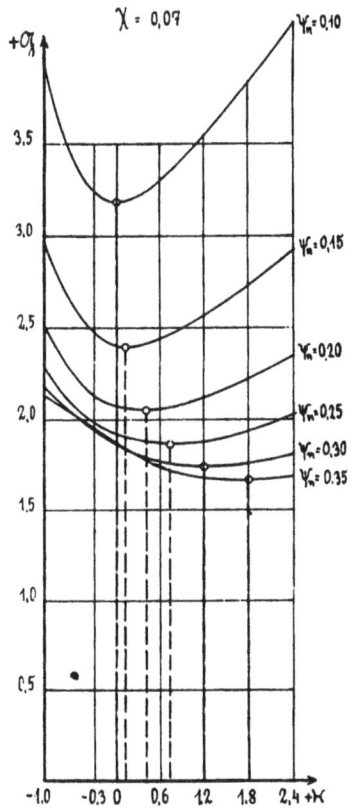

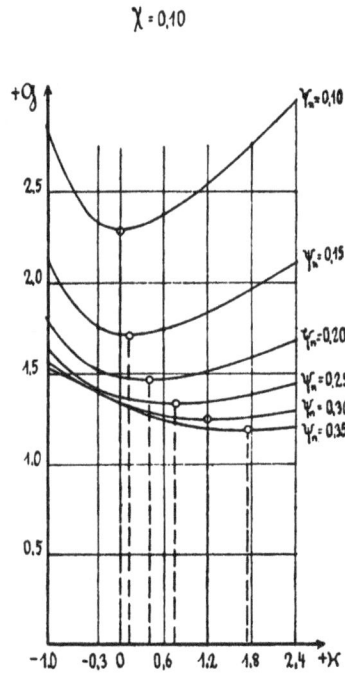

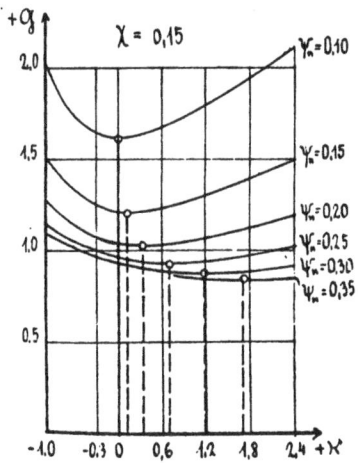

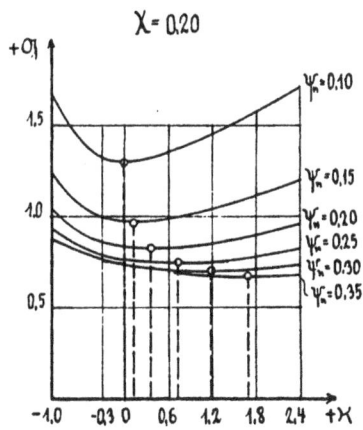

Maßstab für K: $1 = 10$ mm.
Maßstab für $\mathfrak{G}$: $1 = 24$ mm.

$$\sigma = 10\,000 \text{ t/qm.} \quad \pi = 0{,}5.$$

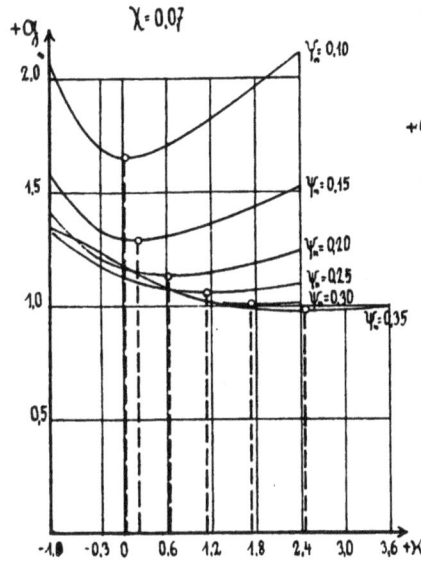

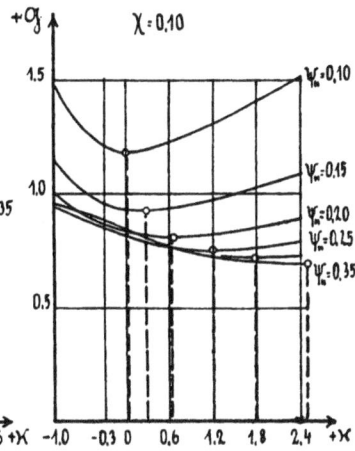

Maßstab für K: $1 = 10$ mm.
Maßstab für $\mathfrak{G}$: $1 = 30$ mm.

Maßstab für K: $1 = 10$ mm.   Maßstab für $\mathfrak{G}$: $1 = 60$ mm.

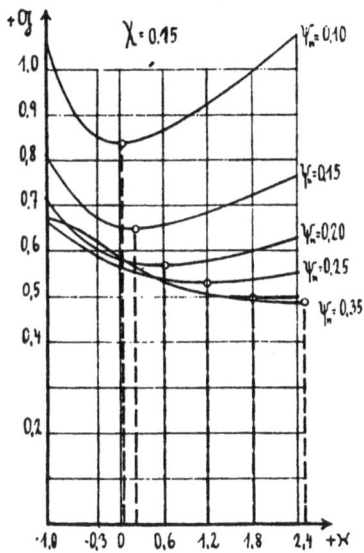

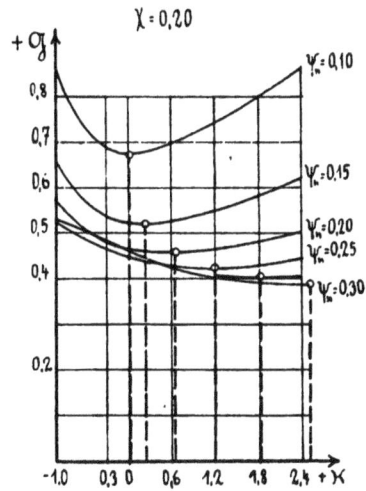

$\sigma = 10\,000$ t/qm. $\quad \pi = 0{,}25$.

Maßstab für K: $1 = 10$ mm.
Maßstab für $\mathfrak{G}$: $1 = 96$ mm.

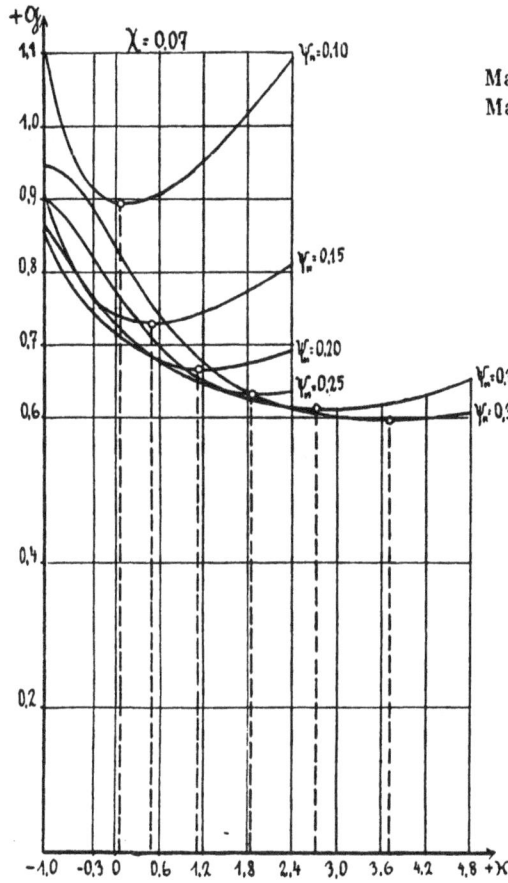

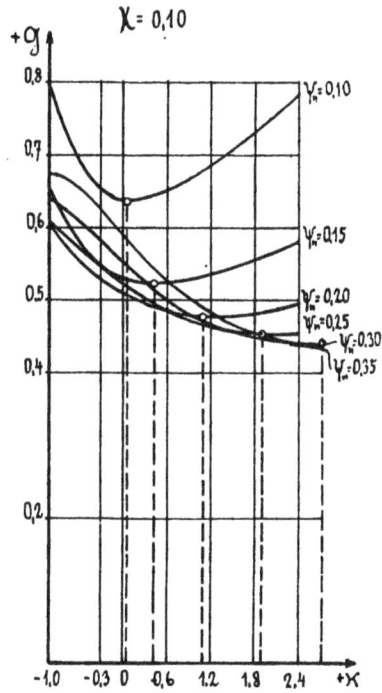

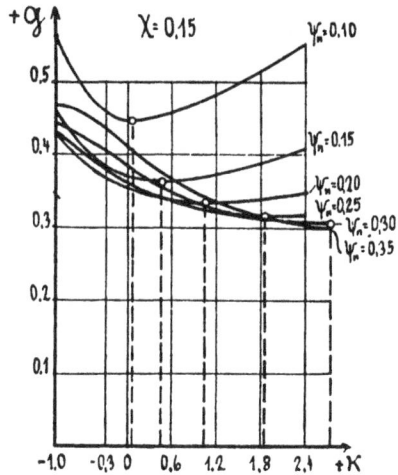

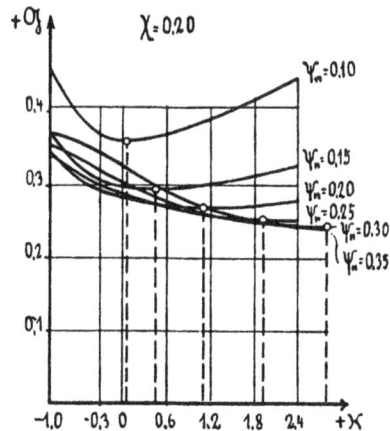

$\sigma = 9500 \; t/qm. \quad \sigma = 10\,500 \; t/qm. \quad \sigma = 15\,000 \; t/qm. \quad \chi = 0,1.$

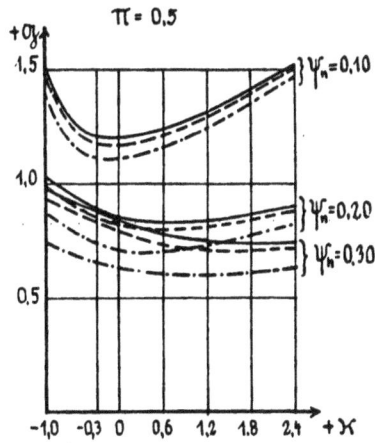

Maßstab für K: $1 = 10$ mm.
Maßstab für $\mathfrak{G}$: $1 = 12$ mm.

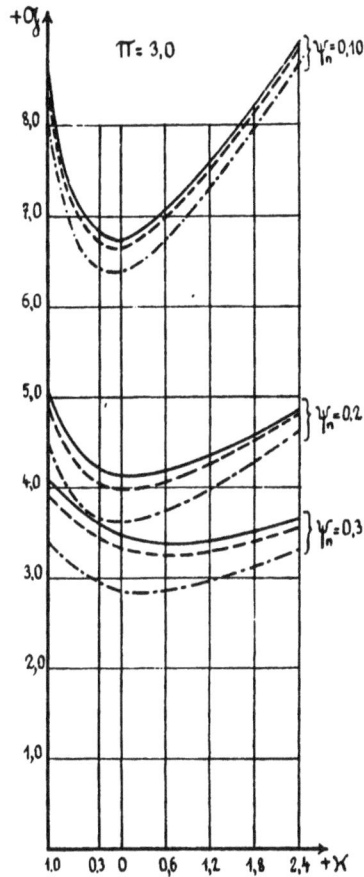

Maßstab für K: $1 = 10$ mm.
Maßstab für $\mathfrak{G}$: $1 = 30$ mm.

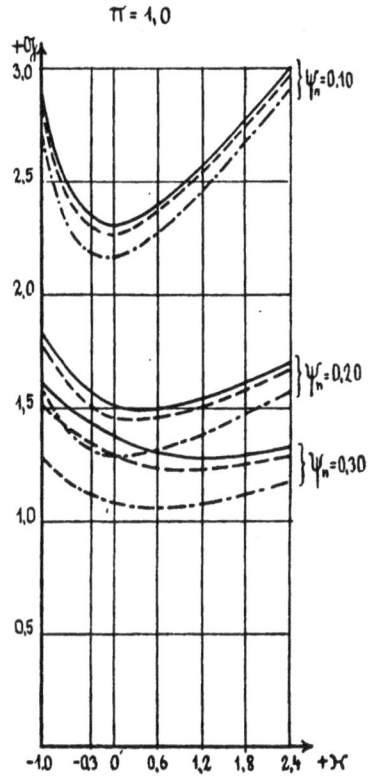

Maßstab für K: $1 = 10$ mm.
Maßstab für $\mathfrak{G}$: $1 = 30$ mm.

—— $\sigma = 9500$ t/qm
– – – $\sigma = 10500$ „
–·–·– $\sigma = 15000$ „

Zweigelenkbogen mit Zugband. $\sigma = 10000$ t/qm. $\chi = 0,1$.

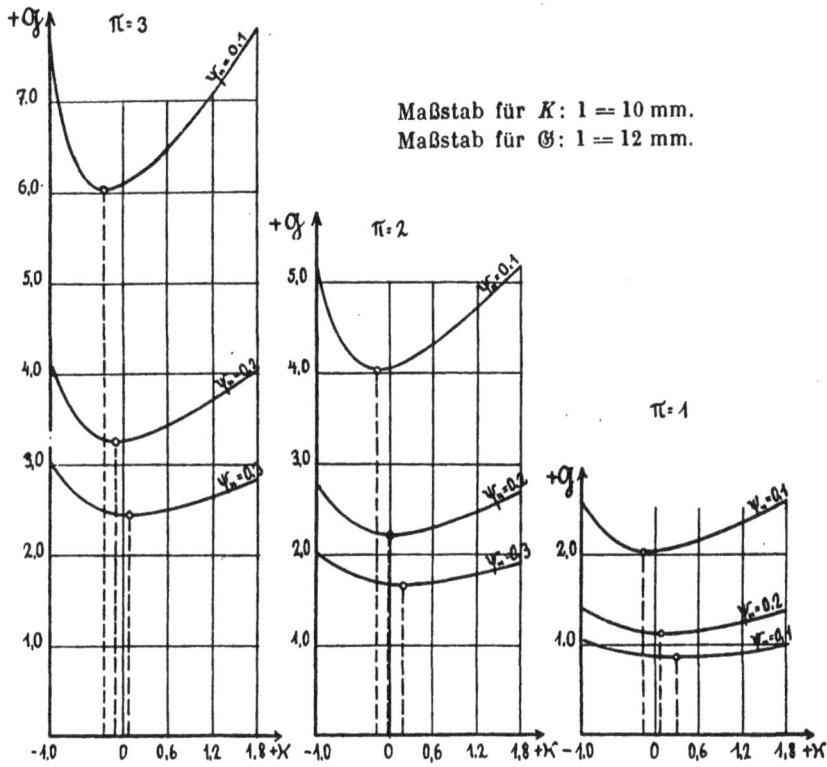

Maßstab für K: $1 = 10$ mm.
Maßstab für G: $1 = 12$ mm.

Maßstab für K: $1 = 10$ mm. Maßstab für G: $1 = 30$ mm.

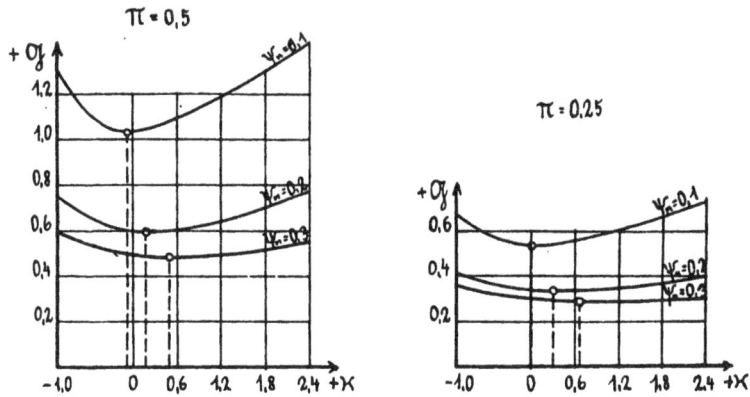